Tabellenbuch
für die Berechnung
von Kanälen und Leitungen

sowie die Feststellung ihrer Durchflußgeschwindigkeiten, Durchflußmengen und Durchflußhöhen, der Konstruktion der Lichtprofile mit ihren Leistungs- und Geschwindigkeitskurven, der Profilinhalte, Profilumfänge und hydraulischen Radien

bei dem Entwerfen von Kanalisations- und Wasserversorgungsanlagen, Grundstücksentwässerungen, Be- und Entwässerungsleitungen, bei Meliorationsbauten und dergleichen

Bearbeitet und herausgegeben

von

E. Wild
Magistrats-Oberbaurat, Berlin-Schöneberg

unter Mitwirkung von

O. Schöberlein
Stadtbaumeister, Berlin-Steglitz

Mit 52 Tafeln

Berlin
Verlag von Julius Springer
1931

ISBN-13: 978-3-642-98138-8   e-ISBN-13: 978-3-642-98949-0
DOI: 10.1007/978-3-642-98949-0

Alle Rechte, insbesondere das der Übersetzung
in fremde Sprachen, vorbehalten.

Copyright 1931 by Julius Springer in Berlin.
Softcover reprint of the hardcover 1st edition 1931

Inhaltsverzeichnis.

                                                                                                        Seite

Erster Abschnitt: Allgemeines 1

Zweiter Abschnitt: Anwendungsbeispiele 2

Dritter Abschnitt: Kreisprofile, deren Durchflußmengen und Durchflußgeschwindigkeiten bei Scheitelfüllung und einem Gefälle von 1:7 (143°/₀₀) bis 1:6000 (0,17°/₀₀) sowie deren Profilinhalte, Profilumfänge, hydraulische Radien und Wurzeln aus dem Gefälle für Leitungsdurchmesser von folgenden Lichtweiten:

    0,10 m, 0,15 m, 0,20 m, 0,25 m, 0,30 m, 0,35 m, 0,40 m, 0,45 m, 0,50 m, 0,55 m, 0,60 m, 0,70 m, 0,80 m, 0,90 m, 1,00 m, 1,20 m, 1,50 m und 2,00 m 6

Vierter Abschnitt: Normale und überhöhte Eiprofile, deren Durchflußmengen und Durchflußgeschwindigkeiten bei Scheitelfüllung und einem Gefälle von 1:10 (100°/₀₀) bis 1:10000 (0,10°/₀₀) sowie deren Profilinhalte, Profilumfänge, hydraulische Radien und Wurzeln aus dem Gefälle für Profile von

    0,60 m lichter Breite und 0,90 m lichter Höhe,
    0,60 m ,, ,, ,, 1,10 m ,, ,,
    0,70 m ,, ,, ,, 1,05 m ,, ,,
    0,70 m ,, ,, ,, 1,20 m ,, ,,
    0,80 m ,, ,, ,, 1,20 m ,, ,,
    0,80 m ,, ,, ,, 1,40 m ,, ,,
    0,90 m ,, ,, ,, 1,35 m ,, ,,
    1,00 m ,, ,, ,, 1,50 m ,, ,,
    1,00 m ,, ,, ,, 1,75 m ,, ,,
    1,10 m ,, ,, ,, 1,65 m ,, ,,
    1,20 m ,, ,, ,, 1,80 m ,, ,,
    1,30 m ,, ,, ,, 1,95 m ,, ,,
    1,40 m ,, ,, ,, 2,10 m ,, ,,
    1,50 m ,, ,, ,, 2,25 m ,, ,,
    1,60 m ,, ,, ,, 2,40 m ,, ,,
    1,80 m ,, ,, ,, 2,40 m ,, ,,
    2,00 m ,, ,, ,, 2,60 m ,, ,,
    2,00 m ,, ,, ,, 3,00 m ,, ,, ... 22

Fünfter Abschnitt: Gedrückte Eiprofile und Maulprofile, deren Durchflußmengen und Durchflußgeschwindigkeiten bei Scheitelfüllung und einem Gefälle von 1:10 (100°/₀₀) bis 1:10000 (0,10°/₀₀) sowie deren Profilinhalte, Profilumfänge, hydraulische Radien und Wurzeln aus dem Gefälle für

a) **gedrückte Eiprofile** von gleicher lichter Höhe und Breite von

    0,90/0,90 m,   1,10/1,10 m,   1,30/1,30 m,   1,50/1,50 m,   1,80/1,80 m,
    1,00/1,00 m,   1,20/1,20 m,   1,40/1,40 m,   1,60/1,60 m,   2,00/2,00 m.

b) **Maulprofile** (Verhältnis der Breite zur Höhe = 1,20 : 1,00) von

    1,44 m lichter Breite und 1,20 m lichter Höhe,
    1,68 m ,, ,, ,, 1,40 m ,, ,,
    1,80 m ,, ,, ,, 1,50 m ,, ,,
    2,04 m ,, ,, ,, 1,70 m ,, ,,
    2,40 m ,, ,, ,, 2,00 m ,, ,,
    2,64 m ,, ,, ,, 2,20 m ,, ,, ... 38

Inhaltsverzeichnis.

Sechster Abschnitt: Tabellen für die Bestimmung von dem benetzten Umfang, der wasserführenden Profilfläche und dem hydraulischen Radius für nicht volllaufende Profile bei einem Radius $r = 1{,}00$ m für ein

    a) Kreisprofil 54
    b) Normales Eiprofil 55
    c) Gedrücktes Eiprofil von gleicher Höhe und Breite 56
    d) Maulprofil 57

Siebenter Abschnitt: Tafel 1 bis 52 enthaltend die Konstruktion der Lichtprofile mit ihren Leistungs- und Geschwindigkeitskurven zur unmittelbaren Feststellung der Abflußmengen und Abflußgeschwindigkeiten für alle vorkommenden Füllhöhen und Gefälle sowie der benetzten Umfänge der wasserführenden Profilflächen und der hydraulischen Radien für verschiedene Füllhöhen 59

Erster Abschnitt.
Allgemeines.

Das vorliegende Werk ist dazu bestimmt, die bisher unvermeidliche, oft umfangreiche, schwierige und zeitraubende Rechenarbeit mit ihren vielen Fehlerquellen beim Entwerfen und Berechnen von Kanalisations- und Wasserversorgungsanlagen und dergleichen weitgehendst auszuschalten und dort, wo dies nicht restlos möglich ist, auf ein Minimum zu beschränken.

Die in dem III., IV. und V. Abschnitt gebrachten Zahlentabellen beziehen sich auf die gebräuchlichsten Kreis-, normalen, überhöhten und gedrückten Eiprofile und Maulprofile. Es können aus diesen Tabellen, welche auf das Genaueste errechnet sind, je nach Bedarf ohne weiteres die Rohrlichtweiten, Durchflußmengen, Durchflußgeschwindigkeiten, Kanalgefälle, die leistungsfähigsten und wirtschaftlichsten Profile, Profilinhalte, Profilumfänge, hydraulischen Radien und dergleichen mehr abgelesen werden.

Diese Zahlentabellen liefern, abgesehen von der enormen Zeitersparnis infolge des Wegfallens der Rechenarbeit, ein unbedingt richtiges Zahlenmaterial, welches aus den bisher häufig angewandten graphischen Tabellen und sonstigen Hilfsmitteln in dieser Form nicht gewonnen werden konnte und dürften somit einem von vielen Kanalisations-, Wasserleitungs-, Wasserbau- und Meliorationstechnikern längst gehegten Wunsche entsprechen.

Während sich die Tabellen III. bis V. Abschnitt lediglich auf die gebräuchlichsten Kreis-, Ei- und Maulprofile erstrecken, sind die Tabellen im VI. Abschnitt für die Bestimmung der benetzten Umfänge, wasserführenden Profilflächen und hydraulischen Radien aller anderen überhaupt noch möglichen Profile vorgenannter Art vorgesehen. Des weiteren können nach diesen Tabellen ohne erheblichen Zeitaufwand die Durchflußmengen und Durchflußgeschwindigkeiten für jede beliebige Füllhöhe nicht voll-laufender Profile vorgenannter Art ermittelt werden.

Den Zahlentabellen III. bis VI. Abschnitt schließen sich 52 Tafeln an, aus welchen die Konstruktion der Lichtprofile der Leitungen mit ihren Leistungs- und Geschwindigkeitskurven zur unmittelbaren Feststellung der Abflußmengen und Wassergeschwindigkeiten für alle Füllhöhen und Gefälle hervorgeht.

Sämtliche Zahlentabellen und Tafeln sind nach der meistangewandten und gebräuchlichsten abgekürzten Kutterschen Formel errechnet, welche lautet:

$$Q = F \cdot \frac{100 \cdot \sqrt{R}}{0{,}35 + \sqrt{R}} \cdot \sqrt{R \cdot J} = F \cdot \frac{100 \cdot R}{0{,}35 + \sqrt{R}} \cdot \sqrt{J}$$

und

$$v = \frac{Q}{F} = \frac{100 \cdot R}{0{,}35 + \sqrt{R}} \cdot \sqrt{J}$$

Hierbei bedeutet:

Q = Wassermenge (Durchflußmenge) pro Sekunde in cbm (in den Zahlentabellen dieses Werkes ist dieselbe in Sekunden-Litern angegeben),
v = die Wassergeschwindigkeit (Durchflußgeschwindigkeit) pro Sekunde in m,
U = benetzter Profilumfang in m,
F = wasserführende Profilfläche in qm,
R = hydraulischer Radius = $\dfrac{\text{Profilinhalt}}{\text{Profilumfang}}$,
J = Wasserspiegelgefälle und
b = Rauhigkeitskoeffizient, welcher für alle Leitungsarten mit 0,35 angenommen worden ist.

Diese gleichartige Bewertung von $b = 0{,}35$ für gemauerte Kanäle, Kanäle und Rohrleitungen aus Steinzeug, Zementbeton oder Eisen ist erforderlich, weil sich bald nach erfolgter Inbetriebnahme in den Leitungen ein kompakter Überzug an den Wänden bildet (bei Kanalisationsleitungen „Sielhaut" genannt), welcher die natürliche Rauhigkeit des Materials der Leitungswandungen aufhebt, so daß in hydraulischer Beziehung nur der Rauhigkeitswert für im Betrieb befindliche Leitungen zu berücksichtigen bleibt.

Zuletzt sei noch auf die im II. Abschnitt gebrachten Anwendungsbeispiele hingewiesen, durch welche die Anwendung des vorliegenden Werkes in der einfachsten Weise veranschaulicht wird.

Zweiter Abschnitt.

Anwendungsbeispiele.

1. Beispiel.

Aufgabe: Ein Rohrkanal hat ein Wasserspiegelgefälle von $1 : 185$ ($5{,}4\,^0/_{00}$) und soll 95 l/sek abführen.

Welches Profil ist zu wählen?

Auflösung: Auf Seite 14, Kreisprofile, findet man in Spalte $1 : 185$ ($5{,}4\,^0/_{00}$) $Q = 95{,}8$ l/sek und den zugehörigen Rohrdurchmesser mit 0,35 m.

2. Beispiel.

Aufgabe: Ein Kanal hat ein Wasserspiegelgefälle von $1 : 525$ ($1{,}90\,^0/_{00}$) und soll 3200 l/sek abführen.

a) Welche Ei- bzw. Maulprofile können gewählt werden,
b) welche Wassergeschwindigkeiten stellen sich bei Vollfüllung in den unter a) ermittelten Profilen ein und
c) wie sind die ermittelten Profile zu konstruieren?

Auflösung: Zu a) und b): 1. Auf Seite 33, Eiprofile, findet man in Spalte $1 : 525$ ($1{,}90\,^0/_{00}$) ein

$Q = 3307$ l/sek bei einem normalen Eiprofil von 1,30/1,95 m l. W. und
$v = 1{,}70$ m/sek, oder

2. auf Seite 49, gedrückte Eiprofile, in Spalte $1 : 525$ ($1{,}90\,^0/_{00}$) ein

$Q = 3333$ l/sek bei einem Profil von 1,60/1,60 m l. W. und
$v = 1{,}74$ m/sek, oder

3. auf der gleichen Seite unter Maulprofile ein

$Q = 3237$ l/sek bei einem Profil von 1,68/1,40 m l. W. und
$v = 1{,}72$ m/sek.

Zu c): Die Konstruktion des normalen Eiprofils 1,30/1,95 m ist aus Tafel 30, des gedrückten Eiprofils 1,60/1,60 m aus Tafel 44 und des Maulprofils 1,68/1,40 m aus Tafel 48 ersichtlich.

3. Beispiel.

Aufgabe: Ein Kanal (Kreisprofil) von 0,50 m Durchmesser hat ein Wasserspiegelgefälle von 1 : 250 (4°/₀₀).
Welches ist
a) die größte Leistungsfähigkeit und
b) die Wassergeschwindigkeit bei Vollfüllung?

Auflösung: Auf Seite 15, Kreisprofile, in Spalte 1 : 250 (4°/₀₀) findet man bei dem Profildurchmesser von 0,50 m
zu a) ein $Q = 220,9$ l/sek und
„ b) „ $v = 1,13$ m/sek.

4. Beispiel.

Aufgabe: Die zulässige Durchflußgeschwindigkeit eines Wasserrohres von 200 mm Durchmesser beträgt 1,00 m/sek.
Wieviel beträgt die Durchflußmenge Q?

Auflösung: Auf Seite 11 findet man in der 2. Zahlenreihe links vom Profildurchmesser 0,20 m eine Geschwindigkeit von
$v = 1,00$ m und eine Durchflußmenge von
$Q = 31,6$ l/sek.

5. Beispiel.

Aufgabe: Ein Regenwasserdücker (Kreisprofil) soll zur Vermeidung von Sandablagerungen bei einem Großabfluß von 370 l/sek eine Durchflußgeschwindigkeit von 3,00 m/sek erhalten.
Wieviel beträgt
a) das Wasserspiegelgefälle und
b) der Profildurchmesser?

Auflösung: Auf Seite 8 findet man bei einem $v = 3,00$ m/sek
zu a) ein Wasserspiegelgefälle von 1 : 25 (40°/₀₀) und
„ b) einen Profildurchmesser von 0,40 m.

6. Beispiel.

Aufgabe: Ein Schmutzwasserkanal (Eiprofil) von 1,30 m Breite und 1,95 m Höhe und einem Gefälle 1 : 800 (1,25°/₀₀) leistet bei Vollfüllung = 2685 l/sek bei $v = 1,38$ m/sek. Gelegentlich des Straßenumbaues (Tieferlegung um 35 cm) soll ein Kanal von gleicher Leistungsfähigkeit und gleichem Gefälle, aber nur einer lichten Höhe von 1,60 m eingebaut werden.
Welches Profil kann Anwendung finden und wo ist dasselbe aufgeführt?

Auflösung: Auf Seite 50, gedrückte Eiprofile, findet man in der Spalte 1 : 800 (1,25°/₀₀) ein gedrücktes Eiprofil von 1,60 m Breite und 1,60 m Höhe mit einem
$Q = 2706$ l/sek und einem
$v = 1,41$ m/sek.

Die Konstruktion des gedrückten Eiprofils von 1,60/1,60 m ist aus Tafel 44 ersichtlich.

Beim Gebrauch der Tabellen im VI. Abschnitt (S. 54 bis 57), ist es, ohne die umfangreichen und teilweise schwierigen Berechnungen der wasserführenden Profilflächen, benetzten Umfänge und hydraulischen Radien vornehmen zu müssen, möglich, für alle Zwischenprofile, die in den Zahlentabellen des III. bis V. Abschnittes (S. 6 bis 53) nicht enthalten sind, die Durchflußgeschwindigkeiten und Durchflußmengen mit Leichtigkeit festzustellen. Hierzu nachfolgende Beispiele.

7. Beispiel.

Aufgabe: Ein Rohrkanal (Kreisprofil) von 0,36 m Durchmesser hat einen Trockenwetterabfluß von 9 cm Füllhöhe.
Wieviel beträgt
a) der benetzte Umfang,
b) die wasserführende Profilfläche und
c) der hydraulische Radius?

Auflösung: Eine Füllhöhe von 0,09 m ergibt bei einem

$$D = 0{,}36 \text{ m und einem Radius } r = 0{,}18 \text{ m} = \frac{0{,}09}{0{,}18} = 0{,}50\, r.$$

Auf Seite 54 findet man in Spalte „Füllungshöhe" ein $h = 0{,}50\, r$ und somit
zu a) einen benetzten Umfang $U = 2{,}0944\, r = 2{,}0944 \cdot 0{,}18 = 0{,}376992$ m,
zu b) eine wasserführende Profilfläche $F = 0{,}614183\, r^2 = 0{,}614183 \cdot 0{,}18^2 = 0{,}0198995$ qm
und
zu c) einen hydraulischen Radius $R = 0{,}293250 \cdot 0{,}18 = 0{,}052785$ m.

8. Beispiel.

Aufgabe: Das Wasserspiegelgefälle in einem gedrückten Eiprofil von 1,26/1,26 m l. W. (Konstruktion nach Tafel 37 usw.) beträgt bei Vollfüllung 1 : 800 (1,25 ⁰/₀₀).
Wieviel beträgt
a) die Durchflußgeschwindigkeit v und
b) die Durchflußmenge Q bei Vollfüllung?

Auflösung: Wie auf Seite 1 angeführt ist,

$$v = \frac{100 \cdot R}{0{,}35 + \sqrt{R}} \cdot \sqrt{J}.$$

R beträgt auf Seite 56, Spalte hydraulischer Radius

$$= R = \frac{F}{U}$$

bei einem Radius $r = 1{,}00$ m $= 0{,}484445$ m. Mithin beträgt R bei einem Radius $r =$ halbe lichte Profilbreite $= \frac{1{,}26}{2} = 0{,}63$ m $= 0{,}484445 \cdot 0{,}63 = 0{,}3052$ m.

$\sqrt{J}$ ist $= \sqrt{1:800}$ und nach Seite 18, Spalte 1 : 800 $= 0{,}0354$. Somit beträgt

$$v = \frac{100 \cdot 0{,}3052}{0{,}35 + \sqrt{0{,}3052}} \cdot 0{,}0354 = 1{,}197 \text{ m/sek}.$$

$$Q = F \cdot v.$$

F beträgt auf Seite 56 $= 2{,}997213\, r^2$, also

$$2{,}997213 \cdot 0{,}63^2 = 1{,}1896 \text{ qm und}$$
$$Q = 1{,}1896 \cdot 1{,}197 = 1{,}4240 \text{ cbm/sek oder}$$
$$= 1424 \text{ l/sek}.$$

In der gleichen Weise lassen sich auch die verschiedensten Füllungshöhen errechnen.

9. Beispiel.

Aufgabe: Der Trockenwetterabfluß eines Kanals (überhöhtes Eiprofil) von 0,60/1,10 m Lichtweite und einem Gefälle von 1 : 400 (2,5 ⁰/₀₀) beträgt 80 l/sek.
Wieviel beträgt die Füllhöhe in cm?

Auflösung: Die gesuchte Füllhöhe ist diejenige, bei welcher $Q_1 = \dfrac{Q}{\sqrt{J}}$ ist.

$\sqrt{J} = \sqrt{1:400} =$ Seite 16, Spalte 1 : 400, vierte Zeile $= 0{,}05$. Somit

$$Q_1 = \frac{80}{0{,}05} = 1600 \text{ l/sek oder } 1{,}600 \text{ cbm/sek}.$$

Durch Abgreifen des horizontalen Abstandes in Tafel 20 zwischen der vertikalen Kanalachse und der Q_1-Kurve sucht man den Wert von 1,600 cbm/sek auf, wobei es sich herausstellt, daß derselbe 28 cm über der Kanalsohle liegt.

Die Füllhöhe beträgt somit = 28 cm.

10. Beispiel.

Aufgabe: Ein Rohrkanal von 0,40 m Durchmesser und einem Gefälle von 1 : 220 (4,5°/₀₀) hat einen Trockenwetterabfluß von 13 cm Füllhöhe.

Wieviel beträgt die Wassermenge Q in l/sek?

Auflösung: Nach Tafel 7 ist die Wassermenge

$$Q = Q_1 \cdot \sqrt{J}.$$

$\sqrt{1 : 220}$ beträgt auf Seite 14, Spalte 1 : 220 = 0,0674.

Q_1 finden wir durch Angreifen in Tafel 7 bei 13 cm Füllhöhe mit 0,420 cbm/sek oder 420 l/sek, mithin

$$Q = 420 \cdot 0,0674 = 28,3 \text{ l/sek}.$$

11. Beispiel.

Aufgabe: Ein Mischwasserkanal, gedrücktes Eiprofil von 1,20/1,20 m Lichtweite (Tafel 40) und einem Gefälle von 1 : 1200 (0,83°/₀₀) hat bei Trockenwetter eine Schmutzwassermenge von 120 l/sek abzuführen und soll bei vierfacher Verdünnung dieser Abwassermenge durch einen Notauslaß entlastet werden.

Wie hoch ist in der Notauslaßkammer die Überfallkrone über der Kanalsohle des gedrückten Eiprofils von 1,20/1,20 m l. W. anzulegen?

Auflösung: Bei vierfacher Verdünnung des Trockenwetterabflusses beträgt

$$Q = 4 \cdot 120 = 480 \text{ l/sek}, \quad \text{somit} \quad Q_1 = \frac{Q}{\sqrt{J}}.$$

$\sqrt{J}$ beträgt nach Seite 19 unter 1 : 1200 = 0,0288, somit

$$Q_1 = \frac{480}{0,0288} = 16667 \text{ l/sek} \quad \text{oder} \quad 16,667 \text{ cbm/sek}.$$

Durch Abgreifen des horizontalen Abstandes in Tafel 40 zwischen der vertikalen Kanalachse und der Q_1-Kurve findet man den Wert von 16,667 cbm/sek, der 64 cm über der Kanalsohle liegt.

Die Überfallkrone ist daher 64 cm über die Kanalsohle zu legen.

12. Beispiel.

Aufgabe: In einen Sammelkanal, Eiprofil, von 0,80/1,40 m l. W., einem Gefälle von 1 : 1500 (0,67°/₀₀) und einem mittleren Schmutzwasserabfluß von 110 l/sek bei Trockenwetter, mündet ein Seitenkanal, Kreisprofil, von 0,35 m l. W. ein, dessen Gefälle 1 : 200 (5,0°/₀₀) und dessen Trockenwetterabfluß 22 l/sek beträgt.

Wie hoch muß die Sohle des einmündenden Seitenkanals über die Sohle des Sammelkanals gelegt werden, damit ein Wasserspiegelausgleich stattfindet?

Auflösung: Feststellung der Schmutzwasserdurchflußhöhe in dem Sammelkanal von 0,80/1,40 m l. W.

$$Q_1 = \frac{Q}{\sqrt{J}} = \frac{110}{0,0258} = 4264 \text{ l/sek} \quad \text{oder} \quad 4,264 \text{ cbm/sek}.$$

In Tafel 24 findet man die Schmutzwasserdurchflußhöhe mit 41 cm.

Feststellung der Schmutzwasserhöhe in dem Rohrkanal von 0,35 m l. W.

$$Q_1 = \frac{Q}{\sqrt{J}} = \frac{22}{0,0707} = 311 \text{ l/sek} \quad \text{oder} \quad 0,311 \text{ cbm/sek}.$$

In Tafel 6 findet man die Schmutzwasserdurchflußhöhe im Rohrkanal mit 12 cm.

Die Sohle des Rohrkanals ist also 41 — 12 = 29 cm über die Sohle des Sammelkanals zu legen.

Dritter Kreis-

Profil-Durchmesser in mm	Q in l/sek v in m/sek	Profil-Inhalt in qm	Umfang in m	Hydraul. Radius $=\frac{\text{Inhalt}}{\text{Umf.}}=R$	$Q_1 = F \cdot \frac{a \cdot R}{b + \sqrt{R}}$ in l/sek $v_1 = \frac{a \cdot R}{b + \sqrt{R}}$ in m/sek	1:7 143 ⁰/₀₀ $J = 0{,}143$ $\sqrt{J} = 0{,}378$	1:8 125 ⁰/₀₀ 0,125 0,354	1:9 111 ⁰/₀₀ 0,111 0,333	1:10 100 ⁰/₀₀ 0,100 0,316	1:11 91 ⁰/₀₀ 0,091 0,302
0,10	Q v	0,0079	0,3142	0,0250	38,6 4,9	14,59 1,85	13,66 1,73	12,85 1,63	12,20 1,55	11,66 1,48
0,15	Q v	0,0177	0,4712	0,0375	122 6,9	46,1 2,61	43,2 2,44	40,6 2,30	38,6 2,18	36,8 2,08
0,20	Q v	0,0314	0,6283	0,0500	274 8,7	103,6 3,29	97,0 3,08	91,2 2,90	86,6 2,75	82,7 2,63
0,25	Q v	0,0491	0,7855	0,0625	511 10,4	193,2 3,93	180,9 3,68	170,2 3,46	161,5 3,29	154,3 3,14
0,30	Q v	0,0707	0,9425	0,0750	850 12,0	321,3 4,54	300,9 4,25	283,1 4,00	268,6 3,79	256,7 3,62
0,35	Q v	0,0962	1,0996	0,0875	1304 13,5	492,9 5,10	461,6 4,78	434,2 4,50	412,1 4,27	393,8 4,08
0,40	Q v	0,1257	1,2566	0,1000	1886 15,0	712,9 5,67	667,6 5,31	628,0 5,00	596,0 4,74	569,6 4,53
0,45	Q v	0,1590	1,4137	0,1125	2610 16,4	986,6 6,20	923,9 5,81	869,1 5,46	824,8 5,18	788,0 4,95
0,50	Q v	0,1963	1,5708	0,1250	3489 17,8	1319 6,73	1235 6,30	1162 5,93	1103 5,62	1054 5,38
0,55	Q v	0,2376	1,7279	0,1375	4532 19,1	1713 7,22	1604 6,76	1509 6,36	1432 6,04	1369 5,77
0,60	Q v	0,2827	1,8850	0,1500	5752 20,3	2174 7,67	2036 7,19	1915 6,76	1818 6,41	1737 6,13
0,70	Q v	0,3848	2,1991	0,1750	8765 22,8	3313 8,62	3103 8,07	2919 7,59	2770 7,20	2647 6,89
0,80	Q v	0,5027	2,5133	0,2000	12610 25,1	4767 9,49	4464 8,89	4199 8,36	3985 7,93	3808 7,58
0,90	Q v	0,6362	2,8274	0,2250	17364 27,3	6564 10,32	6147 9,66	5782 9,09	5487 8,63	5244 8,24
1,00	Q v	0,7854	3,1416	0,2500	23100 29,4	8732 11,11	8177 10,41	7692 9,79	7300 9,29	6976 8,88
1,20	Q v	1,1310	3,7699	0,3000	37795 33,4	14287 12,63	13379 11,82	12586 11,12	11943 10,55	11414 10,09
1,50	Q v	1,7671	4,7124	0,3750	68859 39,0	26029 14,74	24376 13,81	22930 12,99	21759 12,32	20795 11,78
2,00	Q v	3,1416	6,2832	0,5000	148594 47,3	56169 17,88	52602 16,74	49482 15,75	46956 14,95	44875 14,28
Gefälle						1:7 143 ⁰/₀₀	1:8 125 ⁰/₀₀	1:9 111 ⁰/₀₀	1:10 100 ⁰/₀₀	1:11 91 ⁰/₀₀

Abschnitt.
profile.

1:12	1:13	1:14	1:15	1:16	1:17	1:18	1:19	1:20		Profil-
83 ‰	77 ‰	71 ‰	67 ‰	62,5 ‰	59 ‰	55,6 ‰	52,6 ‰	50 ‰	Q in l/sek	Durch-
0,083	0,077	0,071	0,067	0,0625	0,059	0,0556	0,0526	0,050	v in	messer
0,288	0,278	0,267	0,258	0,250	0,243	0,236	0,229	0,224	m/sek	in m
11,12	10,73	10,31	9,96	9,65	9,38	9,11	8,84	8,65	Q	0,10
1,41	1,36	1,31	1,26	1,23	1,19	1,16	1,12	1,10	v	
35,1	33,9	32,6	31,5	30,5	29,6	28,8	27,9	27,3	Q	0,15
1,99	1,92	1,84	1,78	1,73	1,68	1,63	1,58	1,55	v	
78,9	76,2	73,2	70,7	68,5	66,6	64,7	62,7	61,4	Q	0,20
2,51	2,42	2,32	2,24	2,18	2,11	2,05	1,99	1,95	v	
147,2	142,1	136,4	131,8	127,8	124,2	120,6	117,0	114,5	Q	0,25
3,00	2,89	2,78	2,68	2,60	2,53	2,45	2,38	2,33	v	
244,8	236,3	227,0	219,3	212,5	206,6	200,6	194,7	190,4	Q	0,30
3,46	3,34	3,20	3,10	3,00	2,92	2,83	2,75	2,69	v	
375,6	362,5	348,2	336,4	326,0	316,9	307,7	298,6	292,1	Q	0,35
3,89	3,75	3,60	3,48	3,38	3,28	3,19	3,09	3,02	v	
543,2	524,3	503,6	486,6	471,5	458,3	445,1	431,9	422,5	Q	0,40
4,32	4,17	4,01	3,87	3,75	3,65	3,54	3,44	3,36	v	
751,7	725,6	696,9	673,4	652,5	634,2	616,0	597,7	584,6	Q	0,45
4,72	4,56	4,38	4,23	4,10	3,99	3,87	3,76	3,67	v	
1005	969,9	931,6	900,2	872,3	847,8	823,4	799,0	781,5	Q	0,50
5,13	4,95	4,75	4,59	4,45	4,33	4,20	4,08	3,99	v	
1305	1260	1210	1169	1133	1101	1070	1038	1015	Q	0,55
5,50	5,31	5,10	4,93	4,78	4,64	4,51	4,37	4,28	v	
1657	1599	1536	1484	1438	1398	1357	1317	1288	Q	0,60
5,85	5,64	5,42	5,24	5,08	4,93	4,79	4,65	4,55	v	
2524	2437	2340	2261	2191	2130	2069	2007	1963	Q	0,70
6,57	6,34	6,09	5,88	5,70	5,54	5,38	5,22	5,11	v	
3632	3506	3367	3253	3153	3064	2976	2888	2825	Q	0,80
7,23	6,98	6,70	6,48	6,28	6,10	5,92	5,75	5,62	v	
5001	4827	4636	4480	4341	4219	4098	3976	3890	Q	0,90
7,86	7,59	7,29	7,04	6,83	6,63	6,44	6,25	6,12	v	
6653	6422	6168	5960	5775	5613	5452	5290	5174	Q	1,00
8,47	8,17	7,85	7,59	7,35	7,14	6,94	6,73	6,59	v	
10885	10507	10091	9751	9449	9184	8920	8655	8466	Q	1,20
9,62	9,29	8,92	8,62	8,35	8,12	7,88	7,65	7,48	v	
19831	19143	18385	17766	17215	16733	16251	15687	15424	Q	1,50
11,23	10,84	10,41	10,06	9,75	9,48	9,20	8,93	8,74	v	
42795	41309	39675	38337	37149	36108	35068	34028	33285	Q	2,00
13,62	13,15	12,63	12,20	11,83	11,49	11,16	10,83	10,60	v	
1:12	1:13	1:14	1:15	1:16	1:17	1:18	1:19	1:20		Gefälle
83 ‰	77 ‰	71 ‰	67 ‰	62,5 ‰	59 ‰	55,6 ‰	52,6 ‰	50 ‰		

Dritter Abschnitt.

Kreis-

Profil-Durchmesser in m		1 : 21	1 : 22	1 : 23	1 : 24	1 : 25	1 : 26	1 : 27	1 : 28	1 : 29
	Q in l/sek	47,6 ‰	45,5 ‰	43,5 ‰	41,7 ‰	40 ‰	38,5 ‰	37 ‰	35,7 ‰	34,5 ‰
		0,0476	0,0455	0,0435	0,0417	0,0400	0,0385	0,0370	0,0357	0,0345
	v in m/sek	0,218	0,213	0,209	0,204	0,200	0,196	0,192	0,189	0,186
0,10	Q	8,41	8,22	8,07	7,87	7,72	7,57	7,41	7,30	7,18
	v	1,07	1,04	1,02	1,00	0,98	0,96	0,94	0,93	0,91
0,15	Q	26,6	26,0	25,5	24,9	24,4	23,9	23,4	23,1	22,7
	v	1,50	1,47	1,44	1,41	1,38	1,35	1,32	1,30	1,28
0,20	Q	59,7	58,4	57,3	55,9	54,8	53,7	52,6	51,8	51,0
	v	1,90	1,85	1,82	1,77	1,74	1,71	1,67	1,64	1,62
0,25	Q	111,4	108,8	106,8	104,2	102,2	100,2	98,1	96,6	95,0
	v	2,27	2,22	2,17	2,12	2,08	2,04	2,00	1,97	1,93
0,30	Q	185,3	181,1	177,7	173,4	170,0	166,6	163,0	160,5	157,9
	v	2,62	2,56	2,51	2,45	2,40	2,35	2,30	2,27	2,23
0,35	Q	284,3	277,8	272,5	266,0	260,8	255,6	250,4	246,5	242,5
	v	2,94	2,88	2,82	2,75	2,70	2,65	2,61	2,57	2,53
0,40	Q	411,1	401,7	394,2	384,7	377,2	369,7	362,1	356,5	350,8
	v	3,27	3,20	3,14	3,06	3,00	2,94	2,88	2,84	2,79
0,45	Q	569,0	555,9	545,5	532,4	522,0	511,6	501,1	493,3	485,5
	v	3,58	3,49	3,43	3,35	3,28	3,21	3,15	3,10	3,05
0,50	Q	760,6	743,2	729,2	711,8	697,8	683,8	669,9	659,4	649,0
	v	3,88	3,79	3,72	3,63	3,56	3,49	3,42	3,36	3,31
0,55	Q	988,0	965,3	947,2	924,5	906,4	888,3	870,1	856,5	843,0
	v	4,16	4,07	3,99	3,90	3,82	3,74	3,67	3,61	3,55
0,60	Q	1254	1225	1202	1173	1150	1127	1104	1087	1070
	v	4,43	4,32	4,24	4,14	4,06	3,98	3,90	3,84	3,78
0,70	Q	1911	1867	1832	1788	1753	1718	1683	1657	1630
	v	4,97	4,86	4,77	4,65	4,56	4,47	4,38	4,31	4,24
0,80	Q	2749	2686	2635	2572	2522	2472	2421	2383	2345
	v	5,47	5,35	5,25	5,12	5,02	4,92	4,82	4,74	4,67
0,90	Q	3785	3699	3629	3542	3473	3403	3334	3282	3230
	v	5,95	5,81	5,71	5,57	5,46	5,35	5,24	5,16	5,08
1,00	Q	5036	4920	4828	4712	4620	4528	4435	4366	4297
	v	6,41	6,26	6,14	6,00	5,88	5,76	5,64	5,56	5,47
1,20	Q	8239	8050	7899	7710	7559	7408	7257	7143	7030
	v	7,28	7,11	6,98	6,81	6,68	6,55	6,41	6,31	6,21
1,50	Q	15011	14667	14392	14047	13772	13496	13221	13014	12808
	v	8,50	8,31	8,15	7,96	7,80	7,64	7,49	7,37	7,25
2,00	Q	32393	31651	31056	30313	29719	29124	28530	28084	27638
	v	10,31	10,07	9,89	9,65	9,46	9,27	9,08	8,94	8,80
Gefälle		1 : 21	1 : 22	1 : 23	1 : 24	1 : 25	1 : 26	1 : 27	1 : 28	1 : 29
		47,6 ‰	45,5 ‰	43,5 ‰	41,7 ‰	40 ‰	38,5 ‰	37 ‰	35,7 ‰	34,5 ‰

Kreisprofile.

1:30	1:31	1:32	1:33	1:34	1:35	1:36	1:37	1:38		Profil-Durchmesser in m
33,3 ‰	32,3 ‰	31,3 ‰	30,3 ‰	29,4 ‰	28,6 ‰	27,8 ‰	27 ‰	26,3 ‰	Q in l/sek	
0,0333	0,0323	0,0313	0,0303	0,0294	0,0286	0,0278	0,0270	0,0263		
0,183	0,180	0,177	0,174	0,172	0,169	0,167	0,164	0,162	v in m/sek	
7,06	6,95	6,83	6,72	6,64	6,52	6,45	6,33	6,25	Q	
0,90	0,88	0,87	0,85	0,84	0,83	0,82	0,80	0,79	v	0,10
22,3	22,0	21,6	21,2	21,0	20,6	20,4	20,0	19,8	Q	
1,26	1,24	1,22	1,20	1,19	1,17	1,15	1,13	1,12	v	0,15
50,1	49,3	48,5	47,7	47,1	46,3	45,8	44,9	44,4	Q	
1,59	1,57	1,54	1,51	1,50	1,47	1,45	1,43	1,41	v	0,20
93,5	92,0	90,4	88,9	87,9	86,4	85,3	83,8	82,8	Q	
1,90	1,87	1,84	1,81	1,78	1,76	1,74	1,71	1,68	v	0,25
155,4	152,8	150,3	147,7	146,0	143,5	141,8	139,2	137,5	Q	
2,20	2,16	2,12	2,09	2,06	2,03	2,00	1,97	1,94	v	0,30
238,6	234,7	230,8	226,9	224,3	220,4	217,8	213,9	211,2	Q	
2,49	2,45	2,41	2,37	2,34	2,30	2,27	2,23	2,20	v	0,35
345,1	339,5	333,8	328,2	324,4	318,7	315,0	309,3	305,5	Q	
2,75	2,70	2,66	2,61	2,58	2,54	2,51	2,46	2,43	v	0,40
477,6	469,8	462,0	454,1	448,9	441,1	435,9	428,0	422,8	Q	
3,00	2,95	2,90	2,85	2,82	2,77	2,74	2,69	2,66	v	0,45
638,5	628,0	617,6	607,1	600,1	589,6	582,7	572,2	565,2	Q	
3,26	3,20	3,15	3,10	3,06	3,01	2,97	2,92	2,88	v	0,50
829,4	815,8	802,2	788,6	779,5	765,9	756,8	743,2	734,2	Q	
3,50	3,44	3,38	3,32	3,29	3,23	3,19	3,13	3,09	v	0,55
1052	1035	1018	1001	989,2	971,9	960,4	943,2	931,7	Q	
3,71	3,65	3,59	3,53	3,49	3,43	3,39	3,33	3,29	v	0,60
1604	1578	1551	1525	1508	1481	1455	1437	1420	Q	
4,17	4,10	4,04	3,97	3,92	3,85	3,81	3,74	3,69	v	0,70
2308	2270	2232	2194	2169	2131	2106	2068	2043	Q	
4,59	4,52	4,44	4,37	4,32	4,24	4,19	4,12	4,07	v	0,80
3178	3126	3073	3021	2987	2935	2900	2848	2813	Q	
5,00	4,91	4,83	4,75	4,70	4,61	4,56	4,48	4,42	v	0,90
4227	4158	4089	4019	3973	3904	3858	3788	3742	Q	
5,38	5,29	5,20	5,12	5,06	4,97	4,91	4,82	4,76	v	1,00
6916	6803	6690	6576	6501	6387	6312	6198	6123	Q	
6,11	6,01	5,91	5,81	5,74	5,64	5,58	5,48	5,41	v	1,20
12601	12395	12188	11981	11844	11637	11499	11293	11155	Q	
7,14	7,02	6,90	6,79	6,71	6,59	6,51	6,40	6,32	v	1,50
27193	26747	26301	25855	25558	25112	24815	24369	24072	Q	
8,66	8,51	8,37	8,23	8,14	7,99	7,90	7,76	7,66	v	2,00
1:30	1:31	1:32	1:33	1:34	1:35	1:36	1:37	1:38		Gefälle
33,3 ‰	32,3 ‰	31,3 ‰	30,3 ‰	29,4 ‰	28,6 ‰	27,8 ‰	27 ‰	26,3 ‰		

Kreis-

Profil-Durchmesser in m		1:39 25,6 ‰ 0,0256 0,160	1:40 25 ‰ 0,0250 0,158	1:41 24,4 ‰ 0,0244 0,156	1:42 23,8 ‰ 0,0238 0,154	1:43 23,3 ‰ 0,0233 0,153	1:44 22,7 ‰ 0,0227 0,151	1:45 22,2 ‰ 0,0222 0,149	1:46 21,7 ‰ 0,0217 0,147	1:47 21,3 ‰ 0,0213 0,146
	Q in l/sek / v in m/sek									
0,10	Q / v	6,18 / 0,78	6,10 / 0,77	6,02 / 0,76	5,94 / 0,75	5,91 / 0,75	5,83 / 0,74	5,75 / 0,73	5,67 / 0,72	5,64 / 0,72
0,15	Q / v	19,5 / 1,10	19,3 / 1,09	19,0 / 1,08	18,8 / 1,06	18,7 / 1,06	18,4 / 1,04	18,2 / 1,03	17,9 / 1,01	17,8 / 1,01
0,20	Q / v	43,8 / 1,39	43,3 / 1,37	42,7 / 1,36	42,2 / 1,34	41,9 / 1,33	41,4 / 1,31	40,8 / 1,30	40,3 / 1,28	40,0 / 1,27
0,25	Q / v	81,8 / 1,66	80,7 / 1,64	79,7 / 1,62	78,7 / 1,60	78,2 / 1,59	77,2 / 1,57	76,1 / 1,55	75,1 / 1,53	74,6 / 1,52
0,30	Q / v	135,8 / 1,92	134,1 / 1,90	132,4 / 1,87	130,7 / 1,85	129,9 / 1,84	128,2 / 1,81	126,5 / 1,79	124,8 / 1,76	124,0 / 1,75
0,35	Q / v	208,6 / 2,18	206,0 / 2,15	203,4 / 2,12	200,8 / 2,09	199,5 / 2,08	196,9 / 2,05	194,3 / 2,03	191,7 / 2,00	190,4 / 1,99
0,40	Q / v	301,8 / 2,40	298,8 / 2,37	294,2 / 2,34	290,4 / 2,31	288,6 / 2,30	284,8 / 2,27	281,0 / 2,24	277,2 / 2,21	275,4 / 2,19
0,45	Q / v	417,6 / 2,62	412,4 / 2,59	407,2 / 2,56	401,9 / 2,53	399,3 / 2,51	394,1 / 2,48	388,9 / 2,44	383,7 / 2,41	381,1 / 2,39
0,50	Q / v	558,2 / 2,85	551,3 / 2,81	544,3 / 2,78	537,3 / 2,74	533,8 / 2,72	526,8 / 2,69	519,9 / 2,65	512,9 / 2,62	509,4 / 2,60
0,55	Q / v	725,1 / 3,06	716,1 / 3,02	706,9 / 2,98	697,9 / 2,94	693,4 / 2,92	684,3 / 2,88	675,3 / 2,85	666,2 / 2,81	661,7 / 2,79
0,60	Q / v	920,2 / 3,25	908,7 / 3,21	897,2 / 3,17	885,7 / 3,13	879,9 / 3,11	868,4 / 3,07	856,9 / 3,02	845,4 / 2,98	839,6 / 2,96
0,70	Q / v	1402 / 3,65	1385 / 3,60	1367 / 3,57	1350 / 3,51	1341 / 3,49	1324 / 3,44	1306 / 3,40	1288 / 3,35	1280 / 3,33
0,80	Q / v	2018 / 4,02	1992 / 3,97	1967 / 3,92	1942 / 3,87	1929 / 3,84	1904 / 3,79	1879 / 3,74	1854 / 3,69	1841 / 3,66
0,90	Q / v	2778 / 4,37	2744 / 4,31	2709 / 4,26	2674 / 4,20	2657 / 4,18	2622 / 4,12	2587 / 4,07	2553 / 4,01	2535 / 3,99
1,00	Q / v	3696 / 4,70	3650 / 4,65	3604 / 4,59	3557 / 4,53	3534 / 4,50	3488 / 4,44	3442 / 4,38	3396 / 4,32	3373 / 4,29
1,20	Q / v	6047 / 5,34	5972 / 5,28	5896 / 5,21	5820 / 5,14	5783 / 5,11	5707 / 5,04	5631 / 4,98	5556 / 4,91	5518 / 4,88
1,50	Q / v	11017 / 6,24	10880 / 6,16	10742 / 6,08	10604 / 6,01	10535 / 5,97	10398 / 5,89	10260 / 5,81	10122 / 5,74	10053 / 5,70
2,00	Q / v	23775 / 7,57	23478 / 7,47	23181 / 7,38	22883 / 7,28	22735 / 7,24	22438 / 7,14	22141 / 7,05	21843 / 6,95	21695 / 6,91
Gefälle		1:39 25,6 ‰	1:40 25 ‰	1:41 24,4 ‰	1:42 23,8 ‰	1:43 23,3 ‰	1:44 22,7 ‰	1:45 22,2 ‰	1:46 21,7 ‰	1:47 21,3 ‰

Kreisprofile.

profile.

1 : 48	1 : 49	1 : 50	1 : 55	1 : 60	1 : 65	1 : 70	1 : 75	1 : 80	Profil-	
20,8 ‰	20,4 ‰	20 ‰	18,2 ‰	16,7 ‰	15,4 ‰	14,3 ‰	13,3 ‰	12,5 ‰	Q in l/sek	Durch-messer in m
0,0208	0,0204	0,0200	0,0182	0,0167	0,0154	0,0143	0,0133	0,0125		
0,144	0,143	0,141	0,1349	0,1292	0,1241	0,1196	0,1153	0,1118	v in m/sek	
5,56	5,52	5,44	5,21	4,99	4,79	4,62	4,45	4,32	Q	0,10
0,71	0,70	0,69	0,66	0,63	0,61	0,59	0,56	0,55	v	
17,6	17,4	17,2	16,5	15,8	15,1	14,6	14,1	13,6	Q	0,15
0,99	0,99	0,97	0,93	0,89	0,86	0,83	0,80	0,77	v	
39,5	39,2	38,6	37,0	35,4	34,0	32,8	31,6	30,6	Q	0,20
1,25	1,24	1,23	1,17	1,12	1,08	1,04	1,00	0,97	v	
73,6	73,1	72,1	68,9	66,0	63,4	61,1	58,9	57,1	Q	0,25
1,50	1,49	1,47	1,40	1,34	1,29	1,24	1,20	1,16	v	
122,3	121,4	119,7	114,5	109,7	105,4	101,5	97,9	94,9	Q	0,30
1,73	1,72	1,69	1,62	1,55	1,49	1,44	1,38	1,34	v	
187,8	186,5	183,9	175,9	168,5	161,8	156,0	150,4	145,8	Q	0,35
1,96	1,94	1,92	1,83	1,76	1,69	1,63	1,57	1,52	v	
271,6	269,7	265,9	254,4	243,7	234,1	225,6	217,5	210,9	Q	0,40
2,16	2,15	2,12	2,02	1,94	1,86	1,79	1,73	1,68	v	
375,8	373,2	368,0	352,1	337,2	323,9	312,2	300,9	291,8	Q	0,45
2,36	2,35	2,31	2,21	2,12	2,04	1,96	1,89	1,83	v	
502,4	498,9	491,9	470,7	450,8	433,0	417,3	402,3	390,1	Q	0,50
2,56	2,55	2,51	2,40	2,30	2,21	2,13	2,05	1,99	v	
652,6	648,1	639,0	611,4	585,5	562,4	542,0	522,5	506,7	Q	0,55
2,75	2,73	2,69	2,58	2,47	2,37	2,28	2,20	2,14	v	
828,1	822,4	810,9	775,8	743,0	713,7	687,8	663,1	643,0	Q	0,60
2,92	2,90	2,86	2,74	2,62	2,52	2,43	2,34	2,27	v	
1262	1254	1236	1182	1132	1088	1048	1011	979,9	Q	0,70
3,28	3,26	3,21	3,08	2,95	2,83	2,73	2,63	2,55	v	
1816	1803	1778	1701	1629	1565	1508	1454	1410	Q	0,80
3,61	3,59	3,54	3,39	3,24	3,11	3,00	2,89	2,81	v	
2500	2483	2448	2342	2243	2155	2077	2002	1941	Q	0,90
3,93	3,90	3,85	3,68	3,53	3,39	3,27	3,15	3,05	v	
3326	3303	3257	3116	2985	2867	2763	2663	2583	Q	1,00
4,23	4,20	4,15	3,97	3,80	3,65	3,52	3,39	3,29	v	
5442	5405	5329	5099	4883	4690	4520	4358	4225	Q	1,20
4,81	4,78	4,71	4,51	4,32	4,14	3,99	3,85	3,73	v	
9916	9847	9709	9289	8897	8545	8236	7939	7698	Q	1,50
5,62	5,58	5,50	5,26	5,04	4,84	4,66	4,50	4,36	v	
21 398	21 249	20 952	20 045	19 198	18 441	17 772	17 133	16 613	Q	2,00
6,81	6,76	6,67	6,38	6,11	5,87	5,66	5,45	5,29	v	
1 : 48	1 : 49	1 : 50	1 : 55	1 : 60	1 : 65	1 : 70	1 : 75	1 : 80	Gefälle	
20,8 ‰	20,4 ‰	20 ‰	18,2 ‰	16,7 ‰	15,4 ‰	14,3 ‰	13,3 ‰	12,5 ‰		

Kreis-

Profil-Durchmesser in m		1 : 85	1 : 90	1 : 95	1 : 100	1 : 105	1 : 110	1 : 115	1 : 120	1 : 125
		11,8 ‰	11,1 ‰	10,5 ‰	10,0 ‰	9,5 ‰	9,1 ‰	8,7 ‰	8,3 ‰	8,0 ‰
	Q in l/sek	0,0118	0,0111	0,0105	0,0100	0,0095	0,0091	0,0087	0,0083	0,0080
	v in m/sek	0,1086	0,1054	0,1025	0,1000	0,0975	0,0954	0,0933	0,0911	0,0894
0,10	Q	4,19	4,07	3,96	3,86	3,76	3,68	3,60	3,52	3,45
	v	0,53	0,52	0,50	0,49	0,48	0,47	0,46	0,45	0,44
0,15	Q	13,2	12,9	12,5	12,2	11,9	11,6	11,4	11,1	10,9
	v	0,75	0,73	0,71	0,69	0,67	0,66	0,64	0,63	0,62
0,20	Q	29,8	28,9	28,1	27,4	26,7	26,1	25,6	25,0	24,5
	v	0,94	0,92	0,89	0,87	0,85	0,83	0,81	0,79	0,78
0,25	Q	55,5	53,9	52,4	51,1	49,8	48,7	47,7	46,6	45,7
	v	1,13	1,10	1,07	1,04	1,01	0,99	0,97	0,95	0,93
0,30	Q	92,2	89,5	87,0	84,9	82,8	81,0	79,2	77,3	75,9
	v	1,30	1,26	1,23	1,20	1,17	1,14	1,12	1,09	1,07
0,35	Q	141,6	137,4	133,7	130,4	127,1	124,4	121,7	118,8	116,6
	v	1,48	1,43	1,39	1,36	1,33	1,30	1,27	1,24	1,22
0,40	Q	204,8	198,8	193,3	188,6	183,9	179,9	176,0	171,8	168,6
	v	1,63	1,58	1,54	1,50	1,46	1,43	1,40	1,37	1,34
0,45	Q	283,4	275,1	267,5	261,0	254,5	249,0	243,5	237,8	233,3
	v	1,78	1,73	1,68	1,64	1,60	1,56	1,53	1,49	1,47
0,50	Q	378,9	367,7	357,6	348,9	340,2	332,9	325,5	317,8	311,9
	v	1,93	1,88	1,82	1,78	1,74	1,70	1,66	1,62	1,59
0,55	Q	492,2	477,7	464,5	453,2	441,9	432,4	422,8	412,9	405,2
	v	2,07	2,01	1,96	1,91	1,86	1,82	1,78	1,74	1,71
0,60	Q	624,6	606,2	589,5	575,1	560,7	548,6	536,6	523,9	514,1
	v	2,20	2,14	2,08	2,03	1,98	1,94	1,89	1,85	1,81
0,70	Q	951,9	923,8	898,4	876,5	854,6	836,2	817,8	798,5	783,6
	v	2,48	2,40	2,34	2,28	2,22	2,18	2,13	2,08	2,04
0,80	Q	1369	1329	1293	1261	1229	1203	1177	1149	1127
	v	2,73	2,65	2,57	2,51	2,45	2,39	2,34	2,29	2,24
0,90	Q	1886	1830	1780	1736	1693	1657	1620	1582	1552
	v	2,96	2,88	2,80	2,73	2,66	2,60	2,55	2,49	2,44
1,00	Q	2509	2435	2368	2310	2252	2204	2155	2104	2065
	v	3,19	3,10	3,01	2,94	2,87	2,80	2,74	2,68	2,63
1,20	Q	4105	3984	3874	3780	3685	3606	3526	3443	3379
	v	3,63	3,52	3,42	3,34	3,26	3,19	3,12	3,04	2,99
1,50	Q	7478	7258	7058	6886	6714	6569	6425	6273	6156
	v	4,24	4,11	4,00	3,90	3,80	3,72	3,64	3,55	3,49
2,00	Q	16137	15662	15231	14859	14488	14176	13864	13537	13284
	v	5,14	4,99	4,85	4,73	4,61	4,51	4,41	4,31	4,23
Gefälle		1 : 85	1 : 90	1 : 95	1 : 100	1 : 105	1 : 110	1 : 115	1 : 120	1 : 125
		11,8 ‰	11,1 ‰	10,5 ‰	10,0 ‰	9,5 ‰	9,1 ‰	8,7 ‰	8,3 ‰	8,0 ‰

Kreisprofile.

1 : 130	1 : 135	1 : 140	1 : 145	1 : 150	1 : 155	1 : 160	1 : 165	1 : 170		Profil-
7,7 °/₀₀	7,4 °/₀₀	7,1 °/₀₀	6,9 °/₀₀	6,7 °/₀₀	6,5 °/₀₀	6,3 °/₀₀	6,1 °/₀₀	5,9 °/₀₀	Q in l/sek	Durch-
0,0077	0,0074	0,0071	0,0069	0,0067	0,0065	0,0063	0,0061	0,0059		messer
0,0878	0,0860	0,0843	0,0831	0,0819	0,0806	0,0794	0,0781	0,0768	v in m/sek	in m
3,39	3,32	3,25	3,21	3,16	3,11	3,06	3,01	2,96	Q	0,10
0,43	0,42	0,41	0,41	0,40	0,39	0,39	0,38	0,38	v	
10,7	10,5	10,3	10,1	10,0	9,8	9,7	9,5	9,4	Q	0,15
0,61	0,59	0,58	0,57	0,57	0,56	0,55	0,54	0,53	v	
24,1	23,6	23,1	22,8	22,4	22,1	21,8	21,4	21,0	Q	0,20
0,76	0,75	0,73	0,72	0,71	0,70	0,69	0,68	0,67	v	
44,9	43,9	43,1	42,5	41,9	41,2	40,6	39,9	39,2	Q	0,25
0,91	0,89	0,88	0,86	0,85	0,84	0,83	0,81	0,80	v	
74,5	73,0	71,6	70,6	69,5	68,4	67,4	66,3	65,2	Q	0,30
1,05	1,03	1,01	1,00	0,98	0,97	0,95	0,94	0,92	v	
114,5	112,1	109,9	108,4	106,8	105,1	103,5	101,8	100,1	Q	0,35
1,19	1,17	1,15	1,13	1,11	1,10	1,08	1,06	1,04	v	
165,6	162,2	159,0	156,7	154,5	152,0	149,7	147,3	144,8	Q	0,40
1,32	1,29	1,26	1,25	1,23	1,21	1,19	1,17	1,15	v	
229,2	224,5	220,0	216,9	213,8	210,4	207,2	203,8	200,4	Q	0,45
1,44	1,41	1,38	1,36	1,34	1,32	1,30	1,28	1,26	v	
306,3	300,1	294,1	289,9	285,7	281,2	277,0	272,5	268,0	Q	0,50
1,56	1,53	1,50	1,48	1,46	1,43	1,41	1,39	1,37	v	
397,9	389,8	382,0	376,6	371,2	365,3	359,8	353,9	348,1	Q	0,55
1,68	1,64	1,61	1,59	1,56	1,54	1,52	1,49	1,47	v	
504,9	494,6	484,8	477,9	471,0	463,5	456,6	449,2	441,7	Q	0,60
1,78	1,75	1,71	1,69	1,66	1,64	1,61	1,59	1,56	v	
769,6	753,8	738,9	728,4	717,9	706,5	695,9	684,5	673,2	Q	0,70
2,00	1,96	1,92	1,89	1,87	1,84	1,81	1,78	1,75	v	
1107	1084	1063	1048	1033	1016	1001	984,8	968,4	Q	0,80
2,20	2,16	2,12	2,09	2,06	2,02	1,99	1,96	1,93	v	
1525	1493	1464	1443	1422	1400	1379	1356	1334	Q	0,90
2,40	2,35	2,30	2,27	2,24	2,20	2,17	2,13	2,10	v	
2028	1987	1947	1920	1892	1862	1834	1804	1774	Q	1,00
2,58	2,53	2,48	2,44	2,41	2,37	2,33	2,30	2,26	v	
3318	3250	3186	3141	3095	3046	3001	2952	2903	Q	1,20
2,93	2,87	2,82	2,78	2,74	2,69	2,65	2,61	2,57	v	
6045	5922	5805	5722	5640	5550	5467	5378	5288	Q	1,50
3,42	3,35	3,29	3,24	3,19	3,14	3,10	3,05	3,00	v	
13047	12779	12526	12348	12170	11977	11798	11605	11412	Q	2,00
4,15	4,07	3,99	3,93	3,87	3,81	3,76	3,69	3,63	v	
1 : 130	1 : 135	1 : 140	1 : 145	1 : 150	1 : 155	1 : 160	1 : 165	1 : 170		Gefälle
7,7 °/₀₀	7,4 °/₀₀	7,1 °/₀₀	6,9 °/₀₀	6,7 °/₀₀	6,5 °/₀₀	6,3 °/₀	6,1 °/₀₀	5,9 °/₀₀		

Wild-Schöberlein, Tabellenbuch.

Kreis-

Profil-Durchmesser in m		1 : 175	1 : 180	1 : 185	1 : 190	1 : 195	1 : 200	1 : 210	1 : 220	1 : 225
	Q in l/sek	5,7 ‰	5,6 ‰	5,4 ‰	5,3 ‰	5,1 ‰	5,0 ‰	4,8 ‰	4,5 ‰	4,4 ‰
		0,0057	0,0056	0,0054	0,0053	0,0051	0,0050	0,0048	0,0045	0,0044
	v in m/sek	0,0756	0,0745	0,0735	0,0725	0,0716	0,0707	0,0690	0,0674	0,0667
0,10	Q	2,92	2,88	2,84	2,80	2,76	2,73	2,66	2,60	2,57
	v	0,37	0,37	0,36	0,36	0,35	0,35	0,34	0,33	0,33
0,15	Q	9,2	9,1	9,0	8,8	8,7	8,6	8,4	8,2	8,1
	v	0,52	0,51	0,51	0,50	0,49	0,49	0,48	0,47	0,46
0,20	Q	20,7	20,4	20,1	19,9	19,6	19,4	18,9	18,5	18,3
	v	0,66	0,65	0,64	0,63	0,62	0,62	0,60	0,59	0,58
0,25	Q	38,6	38,1	37,6	37,1	36,6	36,1	35,3	34,4	34,1
	v	0,79	0,77	0,76	0,75	0,74	0,74	0,72	0,70	0,69
0,30	Q	64,2	63,3	62,4	61,6	60,8	60,0	58,6	57,2	56,6
	v	0,91	0,89	0,88	0,87	0,86	0,85	0,83	0,81	0,80
0,35	Q	98,6	97,3	95,8	94,5	93,4	92,2	90,0	87,9	87,0
	v	1,03	1,01	1,00	0,99	0,97	0,96	0,94	0,92	0,91
0,40	Q	142,6	140,5	138,6	136,7	135,0	133,3	130,1	127,1	125,8
	v	1,13	1,12	1,10	1,09	1,07	1,06	1,04	1,01	1,00
0,45	Q	197,3	194,4	191,9	189,2	186,9	184,5	180,1	175,9	174,1
	v	1,24	1,22	1,21	1,19	1,17	1,16	1,13	1,11	1,09
0,50	Q	263,8	260,0	256,4	253,0	249,8	246,7	240,7	235,2	232,7
	v	1,35	1,33	1,31	1,29	1,27	1,26	1,23	1,20	1,19
0,55	Q	342,6	337,6	333,1	328,6	324,5	320,4	312,7	305,5	302,3
	v	1,44	1,42	1,40	1,38	1,37	1,35	1,32	1,29	1,27
0,60	Q	434,8	428,4	422,7	416,9	411,8	406,6	396,8	387,6	383,6
	v	1,53	1,51	1,49	1,47	1,45	1,44	1,40	1,37	1,35
0,70	Q	662,6	653,0	644,2	635,5	627,6	619,7	604,8	590,8	584,6
	v	1,72	1,70	1,68	1,65	1,63	1,61	1,57	1,54	1,52
0,80	Q	953,3	939,4	926,8	914,2	902,9	891,5	870,1	849,9	841,1
	v	1,90	1,87	1,84	1,82	1,80	1,77	1,73	1,69	1,67
0,90	Q	1313	1294	1276	1259	1243	1228	1198	1170	1158
	v	2,06	2,03	2,01	1,98	1,95	1,93	1,88	1,84	1,82
1,00	Q	1746	1721	1698	1675	1654	1633	1594	1557	1541
	v	2,22	2,19	2,16	2,13	2,11	2,08	2,03	1,98	1,96
1,20	Q	2857	2816	2778	2740	2706	2672	2608	2547	2521
	v	2,53	2,49	2,45	2,42	2,39	2,36	2,30	2,25	2,23
1,50	Q	5206	5130	5061	4992	4930	4868	4751	4641	4593
	v	2,95	2,91	2,87	2,83	2,79	2,76	2,69	2,63	2,60
2,00	Q	11234	11070	10922	10773	10639	10506	10253	10015	9911
	v	3,58	3,52	3,48	3,43	3,39	3,34	3,26	3,19	3,15
Gefälle		1 : 175	1 : 180	1 : 185	1 : 190	1 : 195	1 : 200	1 : 210	1 : 220	1 : 225
		5,7 ‰	5,6 ‰	5,4 ‰	5,3 ‰	5,1 ‰	5,0 ‰	4,8 ‰	4,5 ‰	4,4 ‰

Kreisprofile.

1 : 230	1 : 240	1 : 250	1 : 260	1 : 270	1 : 280	1 : 290	1 : 300	1 : 310		Profil-
4,3 ‰	4,2 ‰	4,0 ‰	3,8 ‰	3,7 ‰	3,6 ‰	3,4 ‰	3,3 ‰	3,2 ‰	Q in l/sek	Durch-
0,0043	0,0042	0,0040	0,0038	0,0037	0,0036	0,0034	0,0033	0,0032		messer
0,0659	0,0646	0,0633	0,0620	0,0609	0,0598	0,0587	0,0577	0,0568	v in m/sek	in m
2,54	2,49	2,44	2,40	2,36	2,31	2,27	2,23	2,19	Q	0,10
0,32	0,32	0,31	0,30	0,30	0,29	0,29	0,28	0,28	v	
8,0	7,9	7,7	7,6	7,4	7,3	7,2	7,0	6,9	Q	0,15
0,45	0,45	0,44	0,43	0,42	0,41	0,41	0,40	0,39	v	
18,1	17,7	17,3	17,0	16,7	16,4	16,1	15,8	15,6	Q	0,20
0,57	0,56	0,55	0,54	0,53	0,52	0,51	0,50	0,49	v	
33,7	33,0	32,3	31,7	31,1	30,5	30,0	29,5	29,0	Q	0,25
0,69	0,67	0,66	0,64	0,63	0,62	0,61	0,60	0,59	v	
55,9	54,8	53,7	52,6	51,7	50,8	49,8	49,0	48,2	Q	0,30
0,79	0,78	0,76	0,74	0,73	0,72	0,70	0,69	0,68	v	
85,9	84,2	82,5	80,8	79,4	78,0	76,5	75,2	74,1	Q	0,35
0,90	0,88	0,86	0,84	0,83	0,81	0,80	0,78	0,77	v	
124,3	121,8	119,4	116,9	114,9	112,8	110,7	108,8	107,1	Q	0,40
0,99	0,97	0,95	0,93	0,91	0,90	0,88	0,87	0,85	v	
172,0	168,6	165,2	161,8	158,9	156,1	153,2	150,6	148,2	Q	0,45
1,08	1,06	1,04	1,02	1,00	0,98	0,96	0,95	0,93	v	
229,9	225,4	220,9	216,3	212,5	208,6	204,8	201,3	198,2	Q	0,50
1,17	1,15	1,13	1,10	1,08	1,06	1,04	1,03	1,01	v	
298,7	292,8	286,9	281,0	276,0	271,0	266,0	261,5	257,4	Q	0,55
1,26	1,23	1,21	1,18	1,16	1,14	1,12	1,10	1,08	v	
379,0	371,5	364,0	356,6	350,2	343,9	337,6	331,8	326,7	Q	0,60
1,34	1,31	1,28	1,26	1,24	1,21	1,19	1,17	1,15	v	
577,6	566,2	554,8	543,4	533,8	524,1	514,5	505,7	497,9	Q	0,70
1,50	1,47	1,44	1,41	1,39	1,36	1,34	1,32	1,30	v	
831,0	814,6	798,2	781,8	767,9	754,1	740,2	727,6	716,2	Q	0,80
1,65	1,62	1,59	1,56	1,53	1,50	1,47	1,45	1,43	v	
1144	1122	1099	1077	1057	1038	1019	1002	986,3	Q	0,90
1,80	1,76	1,73	1,69	1,66	1,63	1,60	1,58	1,55	v	
1522	1492	1462	1432	1407	1381	1356	1333	1312	Q	1,00
1,94	1,90	1,86	1,82	1,79	1,76	1,73	1,70	1,67	v	
2491	2442	2392	2343	2302	2260	2219	2181	2147	Q	1,20
2,20	2,16	2,11	2,07	2,03	2,00	1,96	1,93	1,90	v	
4538	4448	4359	4269	4194	4118	4042	3973	3911	Q	1,50
2,57	2,52	2,47	2,42	2,38	2,33	2,29	2,25	2,22	v	
9792	9599	9406	9213	9049	8886	8722	8574	8440	Q	2,00
3,12	3,06	2,99	2,93	2,88	2,83	2,78	2,73	2,69	v	
1 : 230	1 : 240	1 : 250	1 : 260	1 : 270	1 : 280	1 : 290	1 : 300	1 : 310		Gefälle
4,3 ‰	4,2 ‰	4,0 ‰	3,8 ‰	3,7 ‰	3,6 ‰	3,4 ‰	3,3 ‰	3,2 ‰		

Kreis-

Profil-Durchmesser in m	Q in l/sek / v in m/sek	1 : 320	1 : 330	1 : 340	1 : 350	1 : 360	1 : 370	1 : 380	1 : 390	1 : 400
		3,1 ‰	3,0 ‰	2,9 ‰	2,86 ‰	2,78 ‰	2,70 ‰	2,63 ‰	2,56 ‰	2,50 ‰
		0,0031	0,0030	0,0029	0,00286	0,00278	0,00270	0,00263	0,00256	0,00250
		0,0559	0,0550	0,0542	0,0535	0,0527	0,0520	0,0513	0,0506	0,0500
0,10	Q / v	2,16 / 0,27	2,12 / 0,27	2,09 / 0,27	2,07 / 0,26	2,03 / 0,26	2,01 / 0,25	1,98 / 0,25	1,95 / 0,25	1,93 / 0,25
0,15	Q / v	6,8 / 0,39	6,7 / 0,38	6,6 / 0,37	6,5 / 0,37	6,4 / 0,36	6,3 / 0,36	6,3 / 0,35	6,2 / 0,35	6,1 / 0,35
0,20	Q / v	15,3 / 0,49	15,1 / 0,48	14,9 / 0,47	14,7 / 0,47	14,4 / 0,46	14,2 / 0,45	14,1 / 0,45	13,9 / 0,44	13,7 / 0,44
0,25	Q / v	28,6 / 0,58	28,1 / 0,57	27,7 / 0,56	27,3 / 0,56	26,9 / 0,55	26,6 / 0,54	26,2 / 0,53	25,9 / 0,53	25,6 / 0,52
0,30	Q / v	47,5 / 0,67	46,7 / 0,66	46,0 / 0,65	45,4 / 0,64	44,7 / 0,63	44,1 / 0,62	43,6 / 0,62	43,0 / 0,61	42,5 / 0,60
0,35	Q / v	72,9 / 0,76	71,7 / 0,75	70,7 / 0,74	69,8 / 0,73	68,7 / 0,72	67,8 / 0,71	66,9 / 0,70	66,0 / 0,69	65,2 / 0,68
0,40	Q / v	105,4 / 0,84	103,7 / 0,83	102,2 / 0,81	100,9 / 0,80	99,4 / 0,79	98,1 / 0,78	96,8 / 0,77	95,4 / 0,76	94,3 / 0,75
0,45	Q / v	145,9 / 0,92	143,6 / 0,90	141,5 / 0,89	139,6 / 0,88	137,5 / 0,86	135,7 / 0,85	133,9 / 0,84	132,1 / 0,83	130,5 / 0,82
0,50	Q / v	195,0 / 1,00	191,9 / 0,98	189,1 / 0,96	186,7 / 0,95	183,9 / 0,94	181,4 / 0,93	179,0 / 0,91	176,5 / 0,90	174,5 / 0,89
0,55	Q / v	253,3 / 1,07	249,3 / 1,05	245,6 / 1,04	242,5 / 1,02	238,8 / 1,01	235,7 / 0,99	232,5 / 0,98	229,3 / 0,97	226,6 / 0,96
0,60	Q / v	321,5 / 1,13	316,3 / 1,12	311,7 / 1,10	307,7 / 1,09	303,1 / 1,07	299,1 / 1,06	295,0 / 1,04	291,0 / 1,03	287,6 / 1,02
0,70	Q / v	490,0 / 1,27	482,1 / 1,25	475,1 / 1,24	468,9 / 1,22	461,9 / 1,20	455,8 / 1,19	449,6 / 1,17	443,5 / 1,15	438,3 / 1,14
0,80	Q / v	704,9 / 1,40	693,6 / 1,38	683,5 / 1,36	674,6 / 1,34	664,5 / 1,32	655,7 / 1,31	646,9 / 1,29	638,1 / 1,27	630,5 / 1,26
0,90	Q / v	970,6 / 1,53	955,0 / 1,50	941,1 / 1,48	929,0 / 1,46	915,1 / 1,44	902,9 / 1,42	890,8 / 1,40	878,6 / 1,38	868,2 / 1,37
1,00	Q / v	1291 / 1,64	1271 / 1,62	1252 / 1,59	1236 / 1,57	1217 / 1,55	1201 / 1,53	1185 / 1,51	1169 / 1,49	1155 / 1,47
1,20	Q / v	2113 / 1,87	2079 / 1,84	2048 / 1,81	2022 / 1,79	1992 / 1,76	1965 / 1,74	1939 / 1,71	1912 / 1,69	1890 / 1,67
1,50	Q / v	3849 / 2,18	3787 / 2,15	3732 / 2,11	3684 / 2,07	3629 / 2,06	3581 / 2,03	3532 / 2,00	3484 / 1,97	3443 / 1,95
2,00	Q / v	8306 / 2,64	8173 / 2,60	8054 / 2,56	7950 / 2,53	7831 / 2,49	7727 / 2,46	7623 / 2,43	7519 / 2,39	7430 / 2,37
Gefälle		1 : 320	1 : 330	1 : 340	1 : 350	1 : 360	1 : 370	1 : 380	1 : 390	1 : 400
		3,1 ‰	3,0 ‰	2,9 ‰	2,86 ‰	2,78 ‰	2,70 ‰	2,63 ‰	2,56 ‰	2,50 ‰

Kreisprofile.

1 : 410	1 : 420	1 : 430	1 : 440	1 : 450	1 : 460	1 : 470	1 : 480	1 : 490		Profil-Durchmesser in m
2,44 ⁰/₀₀	2,38 ⁰/₀₀	2,33 ⁰/₀₀	2,27 ⁰/₀₀	2,22 ⁰/₀₀	2,17 ⁰/₀₀	2,13 ⁰/₀₀	2,08 ⁰/₀₀	2,04 ⁰/₀₀	Q in l/sek	
0,00244	0,00238	0,00233	0,00227	0,00222	0,00217	0,00213	0,00208	0,00204	v in m/sek	
0,0494	0,0488	0,0482	0,0477	0,0471	0,0466	0,0461	0,0456	0,0452		
1,91 / 0,24	1,88 / 0,24	1,86 / 0,24	1,84 / 0,23	1,82 / 0,23	1,80 / 0,23	1,78 / 0,23	1,76 / 0,22	1,74 / 0,22	Q / v	0,10
6,0 / 0,34	6,0 / 0,34	5,9 / 0,33	5,8 / 0,33	5,7 / 0,32	5,7 / 0,32	5,6 / 0,32	5,6 / 0,31	5,5 / 0,31	Q / v	0,15
13,5 / 0,43	13,4 / 0,42	13,2 / 0,42	13,1 / 0,41	12,9 / 0,41	12,8 / 0,41	12,6 / 0,40	12,5 / 0,40	12,4 / 0,39	Q / v	0,20
25,2 / 0,51	24,9 / 0,51	24,6 / 0,50	24,4 / 0,50	24,1 / 0,49	23,8 / 0,48	23,6 / 0,48	23,3 / 0,47	23,1 / 0,47	Q / v	0,25
41,9 / 0,59	41,4 / 0,59	40,9 / 0,58	40,5 / 0,57	40,0 / 0,57	39,6 / 0,56	39,1 / 0,55	38,7 / 0,55	38,4 / 0,54	Q / v	0,30
64,4 / 0,67	63,6 / 0,66	62,9 / 0,66	62,2 / 0,65	61,4 / 0,64	60,8 / 0,63	60,1 / 0,63	59,5 / 0,62	58,9 / 0,61	Q / v	0,35
93,2 / 0,74	92,0 / 0,73	90,9 / 0,72	90,0 / 0,72	88,8 / 0,71	87,9 / 0,70	86,9 / 0,69	86,0 / 0,68	85,2 / 0,68	Q / v	0,40
128,9 / 0,81	127,4 / 0,80	125,9 / 0,79	124,5 / 0,78	122,9 / 0,77	121,6 / 0,76	120,3 / 0,76	119,0 / 0,75	118,0 / 0,74	Q / v	0,45
172,4 / 0,88	170,3 / 0,87	168,2 / 0,86	166,4 / 0,85	164,3 / 0,84	162,6 / 0,83	160,8 / 0,82	159,1 / 0,81	157,7 / 0,80	Q / v	0,50
223,9 / 0,94	221,2 / 0,93	218,4 / 0,92	216,2 / 0,91	213,5 / 0,90	211,2 / 0,89	208,9 / 0,88	206,7 / 0,87	204,8 / 0,86	Q / v	0,55
284,1 / 1,00	280,6 / 0,99	277,2 / 0,98	274,3 / 0,97	270,9 / 0,96	268,0 / 0,95	265,1 / 0,94	262,2 / 0,93	259,9 / 0,92	Q / v	0,60
433,0 / 1,13	427,7 / 1,11	422,5 / 1,10	418,1 / 1,09	412,8 / 1,07	408,4 / 1,06	404,1 / 1,05	399,7 / 1,04	396,2 / 1,03	Q / v	0,70
622,9 / 1,24	615,4 / 1,22	607,8 / 1,21	601,5 / 1,20	593,9 / 1,18	587,6 / 1,17	581,3 / 1,16	575,0 / 1,14	570,0 / 1,13	Q / v	0,80
857,8 / 1,35	847,4 / 1,33	836,9 / 1,32	828,3 / 1,30	817,8 / 1,29	809,2 / 1,27	800,5 / 1,26	791,8 / 1,24	784,9 / 1,23	Q / v	0,90
1141 / 1,45	1127 / 1,43	1113 / 1,42	1102 / 1,40	1088 / 1,38	1076 / 1,37	1065 / 1,36	1053 / 1,34	1044 / 1,33	Q / v	1,00
1867 / 1,65	1844 / 1,63	1822 / 1,61	1803 / 1,59	1780 / 1,57	1761 / 1,56	1742 / 1,54	1723 / 1,52	1708 / 1,51	Q / v	1,20
3402 / 1,93	3360 / 1,90	3319 / 1,88	3285 / 1,86	3243 / 1,84	3209 / 1,82	3174 / 1,80	3140 / 1,78	3112 / 1,76	Q / v	1,50
7341 / 2,34	7251 / 2,31	7162 / 2,28	7088 / 2,26	6999 / 2,23	6924 / 2,20	6850 / 2,18	6776 / 2,16	6716 / 2,14	Q / v	2,00
1 : 410	1 : 420	1 : 430	1 : 440	1 : 450	1 : 460	1 : 470	1 : 480	1 : 490		Gefälle
2,44 ⁰/₀₀	2,38 ⁰/₀₀	2,33 ⁰/₀₀	2,27 ⁰/₀₀	2,22 ⁰/₀₀	2,17 ⁰/₀₀	2,13 ⁰/₀₀	2,08 ⁰/₀₀	2,04 ⁰/₀₀		

Kreis-

Profil-Durchmesser in m		1 : 500	1 : 525	1 : 550	1 : 575	1 : 600	1 : 650	1 : 700	1 : 750	1 : 800
	Q in l/sek	2,00 ‰	1,90 ‰	1,82 ‰	1,74 ‰	1,67 ‰	1,54 ‰	1,43 ‰	1,33 ‰	1,25 ‰
		0,00200	0,00190	0,00182	0,00174	0,00167	0,00154	0,00143	0,00133	0,00125
	v in m/sek	0,0447	0,0436	0,0426	0,0417	0,0408	0,0392	0,0378	0,0365	0,0354
0,10	Q	1,73	1,68	1,64	1,61	1,57	1,51	1,46	1,41	1,36
	v	0,22	0,21	0,21	0,20	0,20	0,19	0,19	0,18	0,17
0,15	Q	5,5	5,3	5,2	5,1	5,0	4,8	4,6	4,5	4,3
	v	0,31	0,30	0,29	0,29	0,28	0,27	0,26	0,25	0,24
0,20	Q	12,2	11,9	11,7	11,4	11,2	10,7	10,4	10,0	9,7
	v	0,39	0,38	0,37	0,36	0,35	0,34	0,33	0,32	0,31
0,25	Q	22,8	22,3	21,8	21,3	20,8	20,0	19,3	18,7	18,1
	v	0,46	0,45	0,44	0,43	0,42	0,41	0,39	0,38	0,37
0,30	Q	38,0	37,0	36,2	35,4	34,6	33,3	32,1	31,0	30,1
	v	0,54	0,52	0,51	0,50	0,49	0,47	0,45	0,44	0,43
0,35	Q	58,3	56,9	55,6	54,4	53,2	51,1	49,3	47,6	46,2
	v	0,61	0,59	0,58	0,57	0,55	0,53	0,51	0,50	0,48
0,40	Q	84,3	82,2	80,3	78,6	76,9	73,9	71,3	68,8	66,8
	v	0,67	0,65	0,64	0,63	0,61	0,59	0,57	0,55	0,53
0,45	Q	116,7	113,8	111,2	108,8	106,5	102,3	98,7	95,3	92,4
	v	0,73	0,72	0,70	0,68	0,67	0,64	0,62	0,60	0,58
0,50	Q	156,0	152,1	148,6	145,5	142,4	136,8	131,9	127,3	123,5
	v	0,80	0,78	0,76	0,74	0,73	0,70	0,67	0,65	0,63
0,55	Q	202,6	197,6	193,1	189,0	184,9	177,7	171,3	165,4	160,4
	v	0,85	0,83	0,81	0,80	0,78	0,75	0,72	0,70	0,68
0,60	Q	257,1	250,7	245,0	239,8	234,5	225,4	217,4	209,9	202,6
	v	0,91	0,89	0,86	0,85	0,83	0,80	0,77	0,74	0,72
0,70	Q	391,8	382,2	373,4	365,5	357,6	343,6	331,3	319,9	310,3
	v	1,02	0,99	0,97	0,95	0,93	0,89	0,86	0,83	0,81
0,80	Q	563,7	549,8	537,2	525,8	514,5	494,3	476,7	460,3	446,4
	v	1,12	1,09	1,07	1,05	1,02	0,98	0,95	0,92	0,89
0,90	Q	776,2	757,1	739,7	724,1	708,5	680,7	656,4	633,8	614,7
	v	1,22	1,19	1,16	1,14	1,11	1,07	1,03	1,00	0,97
1,00	Q	1033	1007	984,1	963,3	942,5	905,5	873,2	843,2	817,7
	v	1,31	1,28	1,25	1,23	1,20	1,15	1,11	1,07	1,04
1,20	Q	1689	1648	1610	1576	1542	1482	1429	1380	1338
	v	1,49	1,46	1,42	1,39	1,36	1,31	1,26	1,22	1,18
1,50	Q	3078	3002	2933	2871	2809	2699	2603	2513	2438
	v	1,74	1,70	1,66	1,63	1,59	1,53	1,47	1,42	1,38
2,00	Q	6642	6479	6330	6196	6063	5825	5617	5424	5260
	v	2,11	2,06	2,01	1,97	1,93	1,85	1,79	1,73	1,67
Gefälle		1 : 500	1 : 525	1 : 550	1 : 575	1 : 600	1 : 650	1 : 700	1 : 750	1 : 800
		2,00 ‰	1,90 ‰	1,82 ‰	1,74 ‰	1,67 ‰	1,54 ‰	1,43 ‰	1,33 ‰	1,25 ‰

Kreisprofile.

1:850	1:900	1:950	1:1000	1:1100	1:1200	1:1300	1:1400	1:1500		Profil-
1,18 ‰	1,11 ‰	1,05 ‰	1,00 ‰	0,91 ‰	0,83 ‰	0,77 ‰	0,71 ‰	0,67 ‰	Q in l/sek	Durch-
0,00118	0,00111	0,00105	0,00100	0,00091	0,00083	0,00077	0,00071	0,00067		messer
0,0343	0,0333	0,0324	0,0316	0,0302	0,0288	0,0278	0,0267	0,0258	v in m/sek	in m
1,32 / 0,17	1,29 / 0,16	1,25 / 0,16	1,22 / 0,16	1,17 / 0,15	1,11 / 0,14	1,07 / 0,14	1,03 / 0,13	1,00 / 0,13	Q / v	0,10
4,2 / 0,24	4,1 / 0,23	4,0 / 0,22	3,86 / 0,22	3,68 / 0,21	3,51 / 0,20	3,39 / 0,19	3,26 / 0,18	3,15 / 0,18	Q / v	0,15
9,4 / 0,30	9,1 / 0,29	8,9 / 0,28	8,66 / 0,28	8,27 / 0,26	7,89 / 0,25	7,62 / 0,24	7,32 / 0,23	7,07 / 0,22	Q / v	0,20
17,5 / 0,36	17,0 / 0,35	16,6 / 0,34	16,15 / 0,33	15,43 / 0,31	14,72 / 0,30	14,21 / 0,29	13,64 / 0,28	13,18 / 0,27	Q / v	0,25
29,1 / 0,41	28,3 / 0,40	27,5 / 0,39	26,8 / 0,38	25,6 / 0,36	24,5 / 0,35	23,6 / 0,33	22,7 / 0,32	21,9 / 0,31	Q / v	0,30
44,7 / 0,47	43,4 / 0,45	42,2 / 0,44	41,2 / 0,43	39,4 / 0,41	37,6 / 0,39	36,3 / 0,38	34,8 / 0,36	33,6 / 0,35	Q / v	0,35
64,7 / 0,51	62,8 / 0,50	61,1 / 0,49	59,6 / 0,47	57,0 / 0,45	54,3 / 0,43	52,4 / 0,42	50,4 / 0,40	48,7 / 0,39	Q / v	0,40
89,5 / 0,56	86,9 / 0,55	84,6 / 0,53	82,5 / 0,52	78,8 / 0,50	75,2 / 0,47	72,6 / 0,46	69,7 / 0,44	67,3 / 0,42	Q / v	0,45
119,7 / 0,61	116,2 / 0,59	113,0 / 0,58	110,3 / 0,56	105,4 / 0,54	100,5 / 0,51	97,0 / 0,50	93,2 / 0,48	90,0 / 0,46	Q / v	0,50
155,4 / 0,66	150,9 / 0,64	146,8 / 0,62	143,2 / 0,60	136,9 / 0,58	130,5 / 0,55	126,0 / 0,53	121,0 / 0,51	116,9 / 0,49	Q / v	0,55
197,3 / 0,70	191,5 / 0,68	186,3 / 0,66	181,7 / 0,64	173,7 / 0,61	165,6 / 0,59	159,9 / 0,56	153,6 / 0,54	148,4 / 0,52	Q / v	0,60
300,6 / 0,78	291,9 / 0,76	284,0 / 0,74	277,0 / 0,72	264,7 / 0,69	252,4 / 0,66	243,7 / 0,63	234,0 / 0,61	226,1 / 0,59	Q / v	0,70
432,5 / 0,86	419,9 / 0,84	408,6 / 0,81	398,5 / 0,79	380,9 / 0,76	363,2 / 0,72	350,6 / 0,70	336,7 / 0,67	325,4 / 0,65	Q / v	0,80
595,6 / 0,94	578,2 / 0,91	562,6 / 0,88	548,8 / 0,86	524,5 / 0,82	500,1 / 0,79	482,8 / 0,76	463,7 / 0,73	448,0 / 0,70	Q / v	0,90
792,3 / 1,01	769,2 / 0,98	748,4 / 0,95	730,0 / 0,93	697,6 / 0,89	665,3 / 0,85	642,2 / 0,82	616,8 / 0,79	596,0 / 0,76	Q / v	1,00
1296 / 1,15	1259 / 1,11	1225 / 1,08	1194 / 1,06	1141 / 1,01	1088 / 0,96	1051 / 0,93	1009 / 0,89	975,1 / 0,86	Q / v	1,20
2362 / 1,34	2293 / 1,30	2231 / 1,26	2176 / 1,23	2080 / 1,18	1983 / 1,12	1914 / 1,08	1839 / 1,04	1777 / 1,01	Q / v	1,50
5097 / 1,62	4948 / 1,58	4814 / 1,53	4696 / 1,49	4488 / 1,43	4280 / 1,36	4131 / 1,31	3967 / 1,26	3834 / 1,22	Q / v	2,00
1:850	1:900	1:950	1:1000	1:1100	1:1200	1:1300	1:1400	1:1500		Gefälle
1,18 ‰	1,11 ‰	1,05 ‰	1,00 ‰	0,91 ‰	0,83 ‰	0,77 ‰	0,71 ‰	0,67 ‰		

Kreis-

Profil-Durchmesser in m	Q in l/sek / v in m/sek	1:1600 0,63 ‰ 0,00063 0,0250	1:1700 0,59 ‰ 0,00059 0,0243	1:1800 0,56 ‰ 0,00056 0,0236	1:1900 0,53 ‰ 0,00053 0,0229	1:2000 0,50 ‰ 0,00050 0,0224	1:2100 0,48 ‰ 0,00048 0,0218	1:2200 0,45 ‰ 0,00045 0,0213	1:2300 0,43 ‰ 0,00043 0,0209	1:2400 0,42 ‰ 0,00042 0,0204
0,10	Q v	0,97 0,12	0,94 0,12	0,91 0,12	0,88 0,11	0,86 0,11	0,84 0,11	0,82 0,10	0,81 0,10	0,79 0,10
0,15	Q v	3,05 0,17	2,96 0,17	2,88 0,16	2,79 0,16	2,73 0,16	2,66 0,15	2,60 0,15	2,55 0,14	2,49 0,14
0,20	Q v	6,85 0,22	6,66 0,21	6,47 0,21	6,27 0,20	6,14 0,20	5,97 0,19	5,84 0,19	5,73 0,18	5,59 0,18
0,25	Q v	12,78 0,26	12,42 0,25	12,06 0,25	11,70 0,24	11,45 0,23	11,14 0,23	10,88 0,22	10,68 0,22	10,42 0,21
0,30	Q v	21,2 0,30	20,6 0,29	20,0 0,28	19,4 0,28	19,0 0,27	18,5 0,26	18,1 0,26	17,7 0,25	17,3 0,25
0,35	Q v	32,6 0,34	31,7 0,33	30,8 0,32	29,9 0,31	29,2 0,31	28,4 0,30	27,8 0,29	27,3 0,28	26,6 0,28
0,40	Q v	47,2 0,38	45,8 0,37	44,5 0,35	43,2 0,34	42,3 0,34	41,1 0,33	40,2 0,32	39,4 0,31	38,5 0,31
0,45	Q v	65,3 0,41	63,4 0,40	61,6 0,39	59,8 0,38	58,5 0,37	56,9 0,36	55,6 0,35	54,6 0,34	53,2 0,34
0,50	Q v	87,2 0,45	84,8 0,43	82,3 0,42	79,9 0,41	78,2 0,40	76,1 0,39	74,3 0,38	72,9 0,37	71,2 0,36
0,55	Q v	113,3 0,48	110,1 0,46	107,0 0,45	103,8 0,44	101,5 0,43	98,8 0,42	96,5 0,41	94,7 0,40	92,5 0,39
0,60	Q v	143,8 0,51	139,7 0,49	135,7 0,48	131,7 0,47	128,8 0,46	125,4 0,44	122,5 0,43	120,2 0,42	117,3 0,41
0,70	Q v	219,1 0,57	213,0 0,55	206,9 0,54	200,7 0,52	196,3 0,51	191,1 0,50	186,7 0,49	183,2 0,48	178,8 0,47
0,80	Q v	315,3 0,63	306,5 0,61	297,6 0,59	288,8 0,58	282,5 0,56	274,9 0,55	268,6 0,54	263,6 0,53	257,3 0,51
0,90	Q v	434,2 0,68	422,0 0,66	409,8 0,64	397,7 0,63	389,0 0,61	378,6 0,60	369,9 0,58	362,9 0,57	354,3 0,56
1,00	Q v	577,5 0,74	561,3 0,71	545,2 0,69	529,0 0,67	517,4 0,66	503,6 0,64	492,0 0,63	482,8 0,61	471,2 0,60
1,20	Q v	944,9 0,84	918,4 0,81	892,0 0,79	865,5 0,77	846,6 0,75	823,9 0,73	805,0 0,71	789,9 0,70	771,0 0,68
1,50	Q v	1722 0,98	1673 0,95	1625 0,92	1569 0,89	1542 0,87	1501 0,85	1467 0,83	1439 0,82	1405 0,80
2,00	Q v	3715 1,18	3611 1,15	3507 1,12	3403 1,08	3329 1,06	3239 1,03	3165 1,01	3106 0,99	3031 0,96
Gefälle		1:1600 0,63 ‰	1:1700 0,59 ‰	1:1800 0,56 ‰	1:1900 0,53 ‰	1:2000 0,50 ‰	1:2100 0,48 ‰	1:2200 0,45 ‰	1:2300 0,43 ‰	1:2400 0,42 ‰

Kreisprofile.

1:2500	1:2600	1:2700	1:2800	1:2900	1:3000	1:4000	1:5000	1:6000		Profil-Durchmesser in m
0,40 ‰	0,38 ‰	0,37 ‰	0,36 ‰	0,34 ‰	0,33 ‰	0,25 ‰	0,20 ‰	0,17 ‰	Q in l/sek	
0,00040	0,00038	0,00037	0,00036	0,00034	0,00033	0,00025	0,00020	0,00017		
0,0200	0,0196	0,0192	0,0189	0,0186	0,0183	0,0158	0,0141	0,01292	v in m/sek	
0,77	0,76	0,74	0,73	0,72	0,71	0,61	0,54	0,50	Q	0,10
0,10	0,10	0,09	0,09	0,09	0,09	0,08	0,07	0,06	v	
2,44	2,39	2,34	2,31	2,27	2,23	1,93	1,72	1,58	Q	0,15
0,14	0,14	0,13	0,13	0,13	0,13	0,11	0,10	0,09	v	
5,48	5,37	5,26	5,18	5,10	5,01	4,33	3,86	3,54	Q	0,20
0,17	0,17	0,17	0,16	0,16	0,16	0,14	0,12	0,11	v	
10,22	10,02	9,81	9,66	9,50	9,35	8,07	7,21	6,60	Q	0,25
0,21	0,20	0,20	0,20	0,19	0,19	0,16	0,15	0,13	v	
17,0	16,6	16,3	16,1	15,8	15,5	13,4	12,0	11,0	Q	0,30
0,24	0,24	0,23	0,23	0,22	0,22	0,19	0,17	0,15	v	
26,1	25,6	25,0	24,7	24,3	23,9	20,6	18,4	16,8	Q	0,35
0,27	0,27	0,26	0,26	0,25	0,25	0,22	0,19	0,18	v	
37,7	37,0	36,2	35,7	35,1	34,5	29,9	26,6	24,4	Q	0,40
0,30	0,29	0,29	0,28	0,28	0,27	0,24	0,21	0,19	v	
52,2	51,2	50,1	49,3	48,6	47,8	41,2	36,8	33,7	Q	0,45
0,33	0,32	0,32	0,31	0,31	0,30	0,26	0,23	0,21	v	
69,8	68,4	67,0	65,9	64,9	63,9	55,1	49,2	45,1	Q	0,50
0,36	0,35	0,34	0,34	0,33	0,33	0,28	0,25	0,23	v	
90,6	88,9	87,0	85,7	84,3	82,9	71,6	63,9	58,6	Q	0,55
0,38	0,37	0,37	0,36	0,36	0,35	0,30	0,27	0,25	v	
115,0	112,7	110,4	108,7	107,0	105,2	90,9	81,1	74,3	Q	0,60
0,41	0,40	0,39	0,38	0,38	0,37	0,32	0,29	0,26	v	
175,3	171,8	168,3	165,7	163,0	160,4	138,5	123,6	113,2	Q	0,70
0,46	0,45	0,44	0,43	0,42	0,42	0,36	0,32	0,30	v	
252,2	247,2	242,2	238,4	234,6	230,8	199,3	177,8	162,9	Q	0,80
0,50	0,49	0,48	0,47	0,47	0,46	0,40	0,35	0,32	v	
347,3	340,4	333,4	328,2	323,0	317,8	274,4	244,9	224,4	Q	0,90
0,55	0,54	0,52	0,52	0,51	0,50	0,43	0,39	0,35	v	
462,0	452,8	443,5	436,6	429,7	422,7	365,0	325,7	298,5	Q	1,00
0,59	0,58	0,56	0,56	0,55	0,54	0,47	0,42	0,38	v	
755,9	740,8	725,7	714,3	703,0	691,6	597,2	532,9	488,3	Q	1,20
0,67	0,66	0,64	0,63	0,62	0,61	0,53	0,47	0,43	v	
1377	1350	1322	1301	1281	1260	1088	970,9	889,7	Q	1,50
0,78	0,76	0,75	0,74	0,73	0,71	0,62	0,55	0,50	v	
2972	2912	2853	2808	2764	2719	2348	2095	1920	Q	2,00
0,95	0,93	0,91	0,89	0,88	0,87	0,75	0,67	0,61	v	
1:2500	1:2600	1:2700	1:2800	1:2900	1:3000	1:4000	1:5000	1:6000	Gefälle	
0,40 ‰	0,38 ‰	0,37 ‰	0,36 ‰	0,34 ‰	0,33 ‰	0,25 ‰	0,20 ‰	0,17 ‰		

Vierter Ei-

Profil-Breite und Höhe in m	Q in l/sek / v in m/sek	Profil-Inhalt in qm	Umfang in m	Hydraul. Radius = Inhalt/Umf. = R	$Q_1 = F \cdot \frac{a \cdot R}{b+\sqrt{R}}$ in l/sek / $v_1 = \frac{a \cdot R}{b+\sqrt{R}}$ in m/sek	1:10 100‰ $J=0{,}100$ $\sqrt{J}=0{,}316$	1:11 91‰ 0,091 0,302	1:12 83‰ 0,083 0,288	1:13 77‰ 0,077 0,277	1:14 71‰ 0,071 0,267
0,60/0,90	Q / v	0,4135	2,3790	0,1738	9370 / 22,66	2961 / 7,16	2830 / 6,84	2699 / 6,53	2595 / 6,28	2502 / 6,05
0,60/1,10	Q / v	0,5154	2,7351	0,1884	12385 / 24,03	3914 / 7,59	3740 / 7,26	3567 / 6,92	3431 / 6,66	3307 / 6,42
0,70/1,05	Q / v	0,5628	2,7755	0,2028	14264 / 25,33	4507 / 8,00	4308 / 7,65	4108 / 7,30	3951 / 7,02	3808 / 6,76
0,70/1,20	Q / v	0,6593	3,0559	0,2157	17460 / 26,48	5517 / 8,37	5273 / 8,00	5028 / 7,63	4836 / 7,33	4662 / 7,07
0,80/1,20	Q / v	0,7351	3,1720	0,2317	20487 / 27,87	6474 / 8,81	6187 / 8,42	5900 / 8,03	5675 / 7,72	5470 / 7,44
0,80/1,40	Q / v	0,8788	3,5402	0,2482	25714 / 29,26	8126 / 9,25	7766 / 8,84	7406 / 8,43	7123 / 8,11	6866 / 7,81
0,90/1,35	Q / v	0,9303	3,5684	0,2607	28179 / 30,29	8905 / 9,57	8510 / 9,15	8116 / 8,72	7806 / 8,39	7524 / 8,09
1,00/1,50	Q / v	1,1485	3,9649	0,2897	37464 / 32,62	11839 / 10,31	11314 / 9,85	10790 / 9,39	10378 / 9,04	10003 / 8,71
1,00/1,75	Q / v	1,3731	4,4253	0,3103	46976 / 34,21	14844 / 10,81	14187 / 10,33	13529 / 9,85	13012 / 9,48	12543 / 9,13
1,10/1,65	Q / v	1,3897	4,3614	0,3186	48417 / 34,84	15300 / 11,01	14622 / 10,52	13944 / 10,03	13412 / 9,65	12927 / 9,30
1,20/1,80	Q / v	1,6539	4,7579	0,3476	61194 / 37,00	19337 / 11,69	18481 / 11,17	17624 / 10,66	16951 / 10,25	16339 / 9,88
1,30/1,95	Q / v	1,9410	5,1544	0,3766	75854 / 39,08	23970 / 12,35	22908 / 11,80	21846 / 11,26	21012 / 10,83	20253 / 10,43
1,40/2,10	Q / v	2,2511	5,5509	0,4055	92498 / 41,09	29229 / 12,98	27934 / 12,41	26639 / 11,83	25622 / 11,38	24697 / 10,97
1,50/2,25	Q / v	2,5842	5,9474	0,4345	111276 / 43,06	35163 / 13,61	33605 / 13,00	32047 / 12,40	30823 / 11,93	29711 / 11,50
1,60/2,40	Q / v	2,9402	6,3439	0,4635	132221 / 44,96	41782 / 14,21	39931 / 13,58	38080 / 12,95	36625 / 12,45	35303 / 12,00
1,80/2,40	Q / v	3,2823	6,5740	0,4993	155121 / 47,26	49018 / 14,93	46847 / 14,27	44675 / 13,61	42969 / 13,09	41417 / 12,62
2,00/2,60	Q / v	3,9405	7,1786	0,5489	198286 / 50,32	62658 / 15,90	59882 / 15,20	57106 / 14,49	54925 / 13,94	52942 / 13,44
2,00/3,00	Q / v	4,5941	7,9299	0,5793	239536 / 52,14	75693 / 16,48	72340 / 15,75	68986 / 15,02	66351 / 14,44	63956 / 13,92
Gefälle						1:10 100‰	1:11 91‰	1:12 83‰	1:13 77‰	1:14 71‰

Eiprofile.

Abschnitt.
profile.

1:15	1:16	1:17	1:18	1:19	1:20	1:21	1:22	1:23		Profil-
67‰	62,5‰	59‰	55,6‰	52,6‰	50‰	47,6‰	45,5‰	43,5‰	Q in l/sek	Breite und Höhe
0,067	0,0625	0,059	0,0556	0,0526	0,050	0,0476	0,0455	0,0435		
0,258	0,250	0,243	0,236	0,229	0,224	0,218	0,213	0,209	v in m/sek	in m
2417 / 5,85	2343 / 5,67	2277 / 5,51	2211 / 5,35	2146 / 5,19	2099 / 5,08	2043 / 4,94	1996 / 4,83	1958 / 4,74	Q / v	0,60/0,90
3195 / 6,20	3096 / 6,01	3010 / 5,84	2923 / 5,67	2836 / 5,50	2774 / 5,38	2700 / 5,24	2638 / 5,12	2588 / 5,02	Q / v	0,60/1,10
3680 / 6,54	3566 / 6,33	3466 / 6,16	3366 / 5,98	3266 / 5,80	3195 / 5,67	3110 / 5,52	3038 / 5,40	2981 / 5,29	Q / v	0,70/1,05
4505 / 6,83	4365 / 6,62	4243 / 6,43	4121 / 6,25	3998 / 6,06	3911 / 5,93	3806 / 5,77	3719 / 5,64	3649 / 5,53	Q / v	0,70/1,20
5286 / 7,19	5122 / 6,97	4978 / 6,77	4835 / 6,58	4692 / 6,38	4589 / 6,24	4466 / 6,08	4364 / 5,94	4282 / 5,82	Q / v	0,80/1,20
6634 / 7,55	6429 / 7,32	6249 / 7,11	6069 / 6,91	5889 / 6,70	5760 / 6,55	5606 / 6,38	5477 / 6,23	5374 / 6,12	Q / v	0,80/1,40
7270 / 7,81	7045 / 7,57	6847 / 7,36	6650 / 7,15	6453 / 6,94	6312 / 6,78	6143 / 6,60	6002 / 6,45	5889 / 6,33	Q / v	0,90/1,35
9666 / 8,42	9366 / 8,16	9104 / 7,93	8842 / 7,70	8579 / 7,47	8392 / 7,31	8167 / 7,11	7980 / 6,95	7830 / 6,82	Q / v	1,00/1,50
12120 / 8,83	11744 / 8,55	11415 / 8,31	11086 / 8,07	10758 / 7,83	10523 / 7,66	10241 / 7,46	10006 / 7,29	9818 / 7,15	Q / v	1,00/1,75
12492 / 8,99	12104 / 8,71	11765 / 8,47	11426 / 8,22	11087 / 7,98	10845 / 7,80	10555 / 7,60	10313 / 7,42	10119 / 7,28	Q / v	1,10/1,65
15788 / 9,55	15299 / 9,25	14870 / 8,99	14442 / 8,73	14013 / 8,47	13707 / 8,29	13340 / 8,07	13034 / 7,88	12790 / 7,73	Q / v	1,20/1,80
19570 / 10,08	18964 / 9,77	18433 / 9,50	17902 / 9,22	17371 / 8,95	16991 / 8,75	16536 / 8,52	16157 / 8,32	15853 / 8,17	Q / v	1,30/1,95
23864 / 10,60	23125 / 10,27	22477 / 9,98	21830 / 9,70	21182 / 9,41	20720 / 9,20	20165 / 8,96	19702 / 8,75	19332 / 8,59	Q / v	1,40/2,10
28709 / 11,11	27819 / 10,77	27040 / 10,46	26261 / 10,16	25482 / 9,86	24926 / 9,65	24258 / 9,39	23702 / 9,17	23257 / 9,00	Q / v	1,50/2,25
34113 / 11,60	33055 / 11,24	32130 / 10,93	31204 / 10,61	30279 / 10,34	29618 / 10,07	28824 / 9,80	28163 / 9,58	27634 / 9,40	Q / v	1,60/2,40
40021 / 12,19	38780 / 11,82	37694 / 11,48	36609 / 11,15	35523 / 10,82	34747 / 10,59	33816 / 10,30	33041 / 10,07	32420 / 9,88	Q / v	1,80/2,40
51158 / 12,98	49571 / 12,58	48183 / 12,23	46795 / 11,88	45407 / 11,52	44416 / 11,27	43226 / 10,97	42235 / 10,72	41442 / 10,52	Q / v	2,00/2,60
61800 / 13,45	59884 / 13,04	58207 / 12,67	56530 / 12,31	54854 / 11,94	53656 / 11,68	52219 / 11,37	51021 / 11,11	50063 / 10,90	Q / v	2,00/3,00
1:15	1:16	1:17	1:18	1:19	1:20	1:21	1:22	1:23		Gefälle
67‰	62,5‰	59‰	55,6‰	52,6‰	50‰	47,6‰	45,5‰	43,5‰		

Vierter Abschnitt.

Ei-

Profil-Breite und Höhe in m	Q in l/sek v in m/sek	1 : 24 41,7 ‰ 0,0417 0,204	1 : 25 40 ‰ 0,0400 0,200	1 : 26 38,5 ‰ 0,0385 0,196	1 : 27 37 ‰ 0,0370 0,192	1 : 28 35,7 ‰ 0,0357 0,189	1 : 29 34,5 ‰ 0,0345 0,186	1 : 30 33,3 ‰ 0,0333 0,183	1 : 31 32,3 ‰ 0,0323 0,180	1 : 32 31,3 ‰ 0,0313 0,177
0,60/0,90	Q v	1911 4,62	1874 4,53	1837 4,44	1799 4,35	1771 4,28	1743 4,21	1715 4,15	1687 4,08	1658 4,01
0,60/1,10	Q v	2527 4,90	2477 4,81	2427 4,71	2378 4,61	2341 4,54	2304 4,47	2266 4,40	2229 4,33	2192 4,25
0,70/1,05	Q v	2910 5,17	2853 5,07	2796 4,96	2739 4,86	2696 4,79	2653 4,71	2610 4,64	2568 4,60	2525 4,48
0,70/1,20	Q v	3562 5,40	3492 5,30	3422 5,19	3352 5,08	3300 5,00	3248 4,93	3195 4,85	3143 4,77	3090 4,69
0,80/1,20	Q v	4179 5,69	4097 5,57	4015 5,46	3934 5,35	3872 5,27	3811 5,18	3749 5,10	3688 5,02	3626 4,93
0,80/1,40	Q v	5246 5,97	5143 5,85	5040 5,73	4937 5,62	4860 5,53	4783 5,44	4706 5,35	4629 5,27	4551 5,18
0,90/1,35	Q v	5749 6,18	5636 6,06	5523 5,94	5410 5,82	5326 5,72	5241 5,63	5157 5,54	5072 5,45	4988 5,36
1,00/1,50	Q v	7643 6,65	7493 6,52	7343 6,39	7193 6,26	7081 6,17	6968 6,07	6856 5,97	6744 5,87	6631 5,77
1,00/1,75	Q v	9583 6,98	9395 6,84	9207 6,71	9019 6,57	8878 6,47	8738 6,36	8597 6,26	8456 6,16	8315 6,06
1,10/1,65	Q v	9877 7,11	9683 6,97	9490 6,83	9296 6,69	9151 6,58	9006 6,48	8860 6,38	8715 6,27	8570 6,17
1,20/1,80	Q v	12484 7,55	12239 7,40	11994 7,25	11749 7,10	11566 6,99	11382 6,88	11199 6,77	11015 6,66	10831 6,55
1,30/1,95	Q v	15474 7,97	15171 7,82	14867 7,66	14564 7,50	14336 7,39	14109 7,27	13881 7,15	13654 7,03	13426 6,92
1,40/2,10	Q v	18870 8,38	18500 8,22	18130 8,05	17760 7,89	17482 7,77	17205 7,64	16927 7,52	16650 7,40	16372 7,27
1,50/2,25	Q v	22700 8,78	22255 8,61	21810 8,44	21365 8,27	21031 8,14	20697 8,01	20364 7,88	20030 7,75	19696 7,62
1,60/2,40	Q v	26973 9,17	26444 8,99	25915 8,81	25386 8,63	24990 8,50	24593 8,36	24196 8,23	23800 8,09	23403 7,96
1,80/2,40	Q v	31645 9,64	31024 9,45	30404 9,26	29783 9,07	29318 8,93	28853 8,79	28387 8,65	27922 8,51	27456 8,37
2,00/2,60	Q v	40450 10,27	39657 10,06	38864 9,86	38071 9,66	37476 9,51	36881 9,36	36286 9,21	35691 9,06	35097 8,91
2,00/3,00	Q v	48865 10,64	47907 10,43	46949 10,22	45991 10,01	45272 9,85	44554 9,70	43835 9,54	43116 9,39	42398 9,23
Gefälle		1 : 24 41,7 ‰	1 : 25 40 ‰	1 : 26 38,5 ‰	1 : 27 37 ‰	1 : 28 35,7 ‰	1 : 29 34,5 ‰	1 : 30 33,3 ‰	1 : 31 32,3 ‰	1 : 32 31,3 ‰

Eiprofile.

1:33	1:34	1:35	1:36	1:37	1:38	1:39	1:40	1:41		Profil-
30,3 ‰	29,4 ‰	28,6 ‰	27,8 ‰	27 ‰	26,3 ‰	25,6 ‰	25 ‰	24,4 ‰	Q in l/sek	Breite und Höhe
0,0303	0,0294	0,0286	0,0278	0,0270	0,0263	0,0256	0,0250	0,0244	v in m/sek	in m
0,174	0,172	0,169	0,167	0,164	0,162	0,160	0,158	0,156		
1630 / 3,94	1612 / 3,90	1584 / 3,83	1565 / 3,78	1537 / 3,72	1518 / 3,67	1499 / 3,63	1480 / 3,58	1462 / 3,53	Q / v	0,60/0,90
2155 / 4,18	2130 / 4,13	2093 / 4,06	2068 / 4,01	2031 / 3,94	2006 / 3,89	1982 / 3,84	1957 / 3,80	1932 / 3,75	Q / v	0,60/1,10
2482 / 4,41	2453 / 4,36	2411 / 4,28	2382 / 4,23	2339 / 4,15	2311 / 4,10	2282 / 4,05	2254 / 4,00	2225 / 3,95	Q / v	0,70/1,05
3038 / 4,61	3003 / 4,55	2951 / 4,48	2916 / 4,42	2863 / 4,34	2829 / 4,29	2794 / 4,24	2759 / 4,18	2724 / 4,13	Q / v	0,70/1,20
3565 / 4,85	3524 / 4,79	3462 / 4,71	3421 / 4,65	3360 / 4,57	3319 / 4,51	3278 / 4,46	3237 / 4,40	3196 / 4,35	Q / v	0,80/1,20
4474 / 5,09	4423 / 5,03	4346 / 4,94	4294 / 4,89	4217 / 4,80	4166 / 4,74	4114 / 4,68	4063 / 4,62	4011 / 4,56	Q / v	0,80/1,40
4903 / 5,27	4847 / 5,21	4762 / 5,12	4706 / 5,06	4621 / 4,97	4565 / 4,91	4509 / 4,85	4452 / 4,79	4396 / 4,73	Q / v	0,90/1,35
6519 / 5,68	6444 / 5,61	6331 / 5,51	6256 / 5,45	6144 / 5,35	6069 / 5,28	5994 / 5,22	5919 / 5,15	5844 / 5,09	Q / v	1,00/1,50
8174 / 5,95	8080 / 5,88	7939 / 5,78	7845 / 5,71	7704 / 5,61	7610 / 5,54	7516 / 5,47	7422 / 5,41	7328 / 5,34	Q / v	1,00/1,75
8425 / 6,06	8328 / 5,99	8182 / 5,89	8086 / 5,82	7940 / 5,71	7844 / 5,64	7747 / 5,57	7650 / 5,50	7553 / 5,44	Q / v	1,10/1,65
10648 / 6,44	10525 / 6,36	10342 / 6,25	10219 / 6,18	10036 / 6,07	9913 / 5,99	9791 / 5,92	9669 / 5,85	9546 / 5,77	Q / v	1,20/1,80
13199 / 6,80	13047 / 6,72	12819 / 6,60	12668 / 6,53	12440 / 6,41	12288 / 6,33	12137 / 6,25	11985 / 6,17	11833 / 6,10	Q / v	1,30/1,95
16095 / 7,15	15910 / 7,07	15632 / 6,94	15447 / 6,86	15170 / 6,74	14985 / 6,66	14800 / 6,57	14615 / 6,49	14430 / 6,41	Q / v	1,40/2,10
19362 / 7,49	19139 / 7,41	18806 / 7,28	18583 / 7,19	18249 / 7,06	18027 / 6,98	17804 / 6,89	17582 / 6,80	17359 / 6,72	Q / v	1,50/2,25
23006 / 7,82	22742 / 7,73	22345 / 7,60	22081 / 7,51	21684 / 7,37	21420 / 7,28	21155 / 7,19	20891 / 7,10	20626 / 7,01	Q / v	1,60/2,40
26991 / 8,22	26681 / 8,13	26215 / 7,99	25905 / 7,89	25440 / 7,75	25130 / 7,66	24819 / 7,56	24509 / 7,47	24199 / 7,37	Q / v	1,80/2,40
34502 / 8,76	34105 / 8,66	33510 / 8,50	33114 / 8,40	32519 / 8,25	32122 / 8,15	31726 / 8,05	31329 / 7,95	30933 / 7,85	Q / v	2,00/2,60
41679 / 9,07	41200 / 8,97	40482 / 8,81	40003 / 8,71	39284 / 8,55	38805 / 8,45	38326 / 8,34	37847 / 8,24	37368 / 8,13	Q / v	2,00/3,00
1:33	1:34	1:35	1:36	1:37	1:38	1:39	1:40	1:41		Gefälle
30,3 ‰	29,4 ‰	28,6 ‰	27,8 ‰	27 ‰	26,3 ‰	25,6 ‰	25 ‰	24,4 ‰		

Ei-

Profil-Breite und Höhe in m	Q in l/sek v in m/sek	1:42 23,8 ‰ 0,0238 0,154	1:43 23,3 ‰ 0,0233 0,153	1:44 22,7 ‰ 0,0227 0,151	1:45 22,2 ‰ 0,0222 0,149	1:46 21,7 ‰ 0,0217 0,147	1:47 21,3 ‰ 0,0213 0,146	1:48 20,8 ‰ 0,0208 0,144	1:49 20,4 ‰ 0,0204 0,143	1:50 20 ‰ 0,0200 0,141
0,60/0,90	Q v	1443 3,49	1434 3,47	1415 3,42	1396 3,38	1377 3,33	1368 3,31	1349 3,26	1340 3,24	1321 3,20
0,60/1,10	Q v	1907 3,70	1895 3,68	1870 3,63	1845 3,58	1821 3,53	1808 3,51	1783 3,46	1771 3,44	1746 3,39
0,70/1,05	Q v	2197 3,90	2182 3,88	2154 3,82	2125 3,77	2097 3,72	2083 3,70	2054 3,65	2040 3,62	2011 3,57
0,70/1,20	Q v	2689 4,08	2671 4,05	2636 4,00	2602 3,95	2567 3,89	2549 3,87	2514 3,81	2497 3,79	2462 3,73
0,80/1,20	Q v	3155 4,29	3135 4,26	3094 4,21	3053 4,15	3012 4,10	2991 4,07	2950 4,01	2930 3,99	2889 3,93
0,80/1,40	Q v	3960 4,51	3934 4,48	3883 4,42	3831 4,36	3780 4,30	3754 4,27	3703 4,21	3677 4,18	3626 4,13
0,90/1,35	Q v	4340 4,66	4311 4,63	4255 4,57	4199 4,51	4142 4,45	4114 4,42	4058 4,36	4030 4,33	3973 4,27
1,00/1,50	Q v	5769 5,02	5732 4,99	5657 4,93	5582 4,86	5507 4,80	5470 4,76	5395 4,70	5357 4,66	5282 4,60
1,00/1,75	Q v	7234 5,27	7187 5,23	7093 5,17	6999 5,10	6905 5,03	6858 4,99	6765 4,93	6718 4,89	6624 4,82
1,10/1,65	Q v	7456 5,37	7408 5,33	7311 5,26	7214 5,19	7117 5,12	7069 5,09	6972 5,02	6924 4,98	6827 4,91
1,20/1,80	Q v	9424 5,70	9363 5,66	9240 5,59	9118 5,51	8996 5,44	8934 5,40	8812 5,33	8751 5,29	8628 5,22
1,30/1,95	Q v	11682 6,02	11606 5,98	11454 5,90	11302 5,82	11151 5,74	11075 5,71	10923 5,63	10847 5,59	10695 5,51
1,40/2,10	Q v	14245 6,33	14152 6,29	13967 6,20	13782 6,12	13597 6,04	13505 6,00	13320 5,92	13227 5,88	13042 5,79
1,50/2,25	Q v	17137 6,63	17025 6,59	16803 6,50	16580 6,42	16358 6,33	16246 6,29	16024 6,20	15912 6,16	15690 6,07
1,60/2,40	Q v	20362 6,92	20230 6,88	19965 6,79	19701 6,70	19436 6,61	19304 6,56	19040 6,47	18908 6,43	18643 6,34
1,80/2,40	Q v	23889 7,28	23734 7,23	23423 7,14	23113 7,04	22803 6,95	22648 6,90	22337 6,81	22182 6,76	21872 6,66
2,00/2,60	Q v	30536 7,75	30338 7,70	29941 7,60	29545 7,50	29148 7,40	28950 7,35	28553 7,25	28355 7,20	27958 7,10
2,00/3,00	Q v	36889 8,03	36649 7,98	36170 7,87	35691 7,77	35212 7,66	34972 7,61	34493 7,51	34254 7,46	33775 7,35
Gefälle		1:42 23,8 ‰	1:43 23,3 ‰	1:44 22,7 ‰	1:45 22,2 ‰	1:46 21,7 ‰	1:47 21,3 ‰	1:48 20,8 ‰	1:49 20,4 ‰	1:50 20 ‰

Eiprofile.

1:55	1:60	1:65	1:70	1:75	1:80	1:85	1:90	1:95		Profil-
18,2 ‰	16,7 ‰	15,4 ‰	14,3 ‰	13,3 ‰	12,5 ‰	11,8 ‰	11,1 ‰	10,5 ‰	Q in l/sek	Breite und Höhe
0,0182	0,0167	0,0154	0,0143	0,0133	0,0125	0,0118	0,0111	0,0105	v in m/sek	in m
0,1349	0,1292	0,1241	0,1196	0,1153	0,1118	0,1086	0,1054	0,1025		
1264	1211	1163	1121	1080	1048	1018	988	960	Q	0,60/0,90
3,06	2,93	2,81	2,71	2,61	2,53	2,46	2,39	2,32	v	
1671	1600	1537	1481	1428	1385	1345	1305	1269	Q	0,60/1,10
3,24	3,10	2,98	2,87	2,77	2,69	2,61	2,53	2,46	v	
1924	1843	1770	1706	1645	1595	1549	1503	1462	Q	0,70/1,05
3,42	3,27	3,14	3,03	2,92	2,83	2,75	2,67	2,60	v	
2355	2256	2167	2088	2013	1952	1896	1840	1790	Q	0,70/1,20
3,57	3,42	3,29	3,17	3,05	2,96	2,88	2,79	2,71	v	
2764	2647	2542	2450	2362	2290	2225	2159	2100	Q	0,80/1,20
3,76	3,60	3,46	3,33	3,21	3,12	3,03	2,94	2,86	v	
3469	3322	3191	3075	2965	2875	2793	2710	2636	Q	0,80/1,40
3,95	3,78	3,63	3,50	3,37	3,27	3,17	3,08	3,00	v	
3801	3641	3497	3370	3249	3150	3060	2970	2888	Q	0,90/1,35
4,09	3,91	3,76	3,62	3,49	3,39	3,29	3,19	3,10	v	
5054	4840	4649	4481	4320	4188	4069	3949	3840	Q	1,00/1,50
4,40	4,21	4,05	3,90	3,76	3,65	3,54	3,44	3,34	v	
6337	6069	5830	5618	5416	5252	5102	4951	4815	Q	1,00/1,75
4,61	4,42	4,25	4,09	3,94	3,82	3,72	3,61	3,51	v	
6531	6255	6009	5791	5582	5413	5258	5103	4963	Q	1,10/1,65
4,70	4,50	4,32	4,17	4,02	3,90	3,78	3,67	3,57	v	
8255	7906	7594	7319	7056	6841	6646	6450	6272	Q	1,20/1,80
4,99	4,78	4,59	4,43	4,27	4,14	4,02	3,90	3,79	v	
10233	9800	9413	9072	8746	8480	8238	7995	7775	Q	1,30/1,95
5,27	5,05	4,85	4,67	4,51	4,37	4,24	4,12	4,01	v	
12478	11951	11479	11063	10665	10341	10045	9749	9481	Q	1,40/2,10
5,54	5,31	5,10	4,91	4,74	4,59	4,46	4,33	4,21	v	
15011	14377	13809	13309	12830	12441	12085	11728	11406	Q	1,50/2,25
5,81	5,56	5,34	5,15	4,96	4,81	4,68	4,54	4,41	v	
17837	17083	16409	15814	15245	14782	14359	13936	13553	Q	1,60/2,40
6,07	5,81	5,58	5,38	5,18	5,03	4,88	4,74	4,61	v	
20926	20042	19251	18552	17885	17343	16846	16350	15900	Q	1,80/2,40
6,38	6,11	5,86	5,65	5,45	5,28	5,13	4,98	4,84	v	
26749	25619	24607	23715	22862	22168	21534	20899	20324	Q	2,00/2,60
6,79	6,50	6,24	6,02	5,80	5,63	5,46	5,30	5,16	v	
32313	30948	29726	28649	27619	26780	26014	25247	24552	Q	2,00/3,00
7,03	6,74	6,47	6,24	6,01	5,83	5,66	5,50	5,34	v	
1:55	1:60	1:65	1:70	1:75	1:80	1:85	1:90	1:95		Gefälle
18,2 ‰	16,7 ‰	15,4 ‰	14,3 ‰	13,3 ‰	12,5 ‰	11,8 ‰	11,1 ‰	10,5 ‰		

Ei-

Profil-Breite und Höhe in m	Q in l/sek v in m/sek	1:100 10,0 ‰ 0,0100 0,1000	1:105 9,5 ‰ 0,0095 0,0975	1:110 9,1 ‰ 0,0091 0,0954	1:115 8,7 ‰ 0,0087 0,0933	1:120 8,3 ‰ 0,0083 0,0911	1:125 8,0 ‰ 0,0080 0,0894	1:130 7,7 ‰ 0,0077 0,0878	1:135 7,4 ‰ 0,0074 0,0860	1:140 7,1 ‰ 0,0071 0,0843
0,60/0,90	Q v	937 2,27	914 2,21	894 2,16	874 2,11	854 2,06	838 2,03	823 1,99	806 1,95	790 1,91
0,60/1,10	Q v	1239 2,40	1208 2,34	1182 2,29	1156 2,24	1128 2,19	1107 2,15	1087 2,11	1065 2,07	1044 2,03
0,70/1,05	Q v	1426 2,53	1391 2,47	1361 2,42	1331 2,36	1299 2,31	1275 2,26	1252 2,22	1227 2,18	1202 2,14
0,70/1,20	Q v	1746 2,65	1702 2,58	1666 2,53	1629 2,47	1591 2,41	1561 2,37	1533 2,32	1502 2,28	1472 2,23
0,80/1,20	Q v	2049 2,79	1997 2,72	1954 2,66	1911 2,60	1866 2,54	1832 2,49	1799 2,45	1762 2,40	1727 2,35
0,80/1,40	Q v	2571 2,93	2507 2,85	2453 2,79	2399 2,73	2343 2,67	2299 2,62	2258 2,57	2211 2,52	2168 2,47
0,90/1,35	Q v	2818 3,03	2747 2,95	2688 2,89	2629 2,83	2567 2,76	2519 2,71	2474 2,66	2423 2,60	2375 2,55
1,00/1,50	Q v	3746 3,26	3653 3,18	3574 3,11	3495 3,04	3413 2,97	3349 2,92	3289 2,86	3222 2,81	3158 2,75
1,00/1,75	Q v	4698 3,42	4580 3,34	4482 3,26	4383 3,19	4280 3,12	4200 3,06	4124 3,00	4040 2,94	3960 2,88
1,10/1,65	Q v	4842 3,48	4721 3,40	4619 3,32	4517 3,25	4411 3,17	4328 3,11	4251 3,06	4164 3,00	4082 2,94
1,20/1,80	Q v	6119 3,70	5966 3,61	5838 3,53	5709 3,45	5575 3,37	5471 3,31	5373 3,25	5263 3,18	5159 3,12
1,30/1,95	Q v	7585 3,91	7396 3,81	7236 3,73	7077 3,65	6910 3,56	6781 3,49	6660 3,43	6523 3,36	6394 3,29
1,40/2,10	Q v	9250 4,11	9019 4,01	8824 3,92	8630 3,83	8427 3,74	8269 3,67	8121 3,61	7955 3,53	7798 3,46
1,50/2,25	Q v	11128 4,31	10849 4,20	10616 4,11	10382 4,02	10137 3,92	9948 3,85	9770 3,78	9570 3,70	9381 3,63
1,60/2,40	Q v	13222 4,50	12892 4,38	12614 4,29	12336 4,19	12045 4,10	11821 4,02	11609 3,95	11371 3,87	11146 3,79
1,80/2,40	Q v	15512 4,73	15124 4,61	14799 4,51	14473 4,41	14132 4,31	13868 4,23	13620 4,15	13340 4,06	13077 3,98
2,00/2,60	Q v	19829 5,03	19333 4,91	18916 4,80	18500 4,69	18064 4,58	17727 4,50	17410 4,42	17053 4,33	16716 4,24
2,00/3,00	Q v	23954 5,21	23355 5,08	22852 4,97	22349 4,86	21822 4,75	21415 4,66	21031 4,58	20600 4,48	20193 4,40
Gefälle		1:100 10,0 ‰	1:105 9,5 ‰	1:110 9,1 ‰	1:115 8,7 ‰	1:120 8,3 ‰	1:125 8,0 ‰	1:130 7,7 ‰	1:135 7,4 ‰	1:140 7,1 ‰

Eiprofile.

1:145	1:150	1:155	1:160	1:165	1:170	1:175	1:180	1:185		Profil-
6,9‰	6,7‰	6,5‰	6,3‰	6,1‰	5,9‰	5,7‰	5,6‰	5,4‰	Q in l/sek	Breite und Höhe
0,0069	0,0067	0,0065	0,0063	0,0061	0,0059	0,0057	0,0056	0,0054		
0,0831	0,0819	0,0806	0,0794	0,0781	0,0768	0,0756	0,0745	0,0735	v in m/sek	in m
779	767	755	744	732	720	708	698	689	Q	0,60/0,90
1,88	1,86	1,83	1,80	1,77	1,74	1,71	1,69	1,67	v	
1029	1014	998	983	967	951	936	923	910	Q	0,60/1,10
2,00	1,97	1,94	1,91	1,88	1,85	1,82	1,79	1,77	v	
1185	1168	1150	1133	1114	1095	1078	1063	1048	Q	0,70/1,05
2,10	2,07	2,04	2,01	1,98	1,95	1,91	1,89	1,86	v	
1451	1430	1407	1386	1364	1341	1320	1301	1283	Q	0,70/1,20
2,20	2,17	2,13	2,10	2,07	2,03	2,00	1,97	1,95	v	
1702	1678	1651	1627	1600	1573	1549	1526	1506	Q	0,80/1,20
2,32	2,28	2,25	2,21	2,18	2,14	2,11	2,08	2,05	v	
2137	2106	2073	2042	2008	1975	1944	1916	1890	Q	0,80/1,40
2,43	2,40	2,36	2,32	2,29	2,25	2,21	2,18	2,15	v	
2342	2308	2271	2237	2201	2164	2130	2099	2071	Q	0,90/1,35
2,52	2,48	2,44	2,41	2,37	2,33	2,29	2,26	2,23	v	
3113	3068	3020	2975	2926	2877	2832	2791	2754	Q	1,00/1,50
2,71	2,67	2,63	2,59	2,55	2,51	2,47	2,43	2,40	v	
3904	3847	3786	3730	3669	3608	3551	3500	3453	Q	1,00/1,75
2,84	2,81	2,76	2,72	2,67	2,63	2,59	2,55	2,51	v	
4023	3965	3902	3844	3781	3718	3660	3607	3559	Q	1,10/1,65
2,90	2,85	2,81	2,77	2,72	2,68	2,63	2,60	2,56	v	
5085	5012	4932	4859	4779	4700	4626	4559	4498	Q	1,20/1,80
3,07	3,03	2,98	2,94	2,89	2,84	2,80	2,76	2,72	v	
6303	6212	6114	6023	5924	5826	5735	5651	5575	Q	1,30/1,95
3,25	3,20	3,15	3,10	3,05	3,00	2,95	2,91	2,87	v	
7687	7576	7455	7344	7224	7104	6993	6891	6799	Q	1,40/2,10
3,41	3,37	3,31	3,26	3,21	3,16	3,11	3,06	3,02	v	
9247	9114	8969	8835	8691	8546	8412	8290	8179	Q	1,50/2,25
3,58	3,53	3,47	3,42	3,36	3,31	3,26	3,21	3,16	v	
10988	10829	10657	10498	10326	10155	9996	9850	9718	Q	1,60/2,40
3,74	3,68	3,62	3,57	3,51	3,45	3,40	3,35	3,30	v	
12891	12704	12503	12317	12115	11913	11727	11557	11401	Q	1,80/2,40
3,93	3,87	3,81	3,75	3,69	3,63	3,57	3,52	3,47	v	
16478	16240	15982	15744	15486	15228	14990	14772	14574	Q	2,00/2,60
4,18	4,12	4,06	4,00	3,93	3,86	3,80	3,75	3,70	v	
19905	19618	19307	19019	18708	18396	18109	17845	17606	Q	2,00/3,00
4,33	4,27	4,20	4,14	4,07	4,00	3,94	3,88	3,83	v	
1:145	1:150	1:155	1:160	1:165	1:170	1:175	1:180	1:185		Gefälle
6,9‰	6,7‰	6,5‰	6,3‰	6,1‰	5,9‰	5,7‰	5,6‰	5,4‰		

Vierter Abschnitt.

Ei-

Profil-Breite und Höhe in m	Q in l/sek / v in m/sek	1:190 5,3 ‰ 0,0053 0,0725	1:195 5,1 ‰ 0,0051 0,0716	1:200 5,0 ‰ 0,0050 0,0707	1:210 4,8 ‰ 0,0048 0,0690	1:220 4,5 ‰ 0,0045 0,0674	1:225 4,4 ‰ 0,0044 0,0667	1:230 4,3 ‰ 0,0043 0,0659	1:240 4,2 ‰ 0,0042 0,0646	1:250 4,0 ‰ 0,0040 0,0633
0,60/0,90	Q v	679 1,64	671 1,62	662 1,60	647 1,56	632 1,53	625 1,51	617 1,49	605 1,46	593 1,43
0,60/1,10	Q v	898 1,74	887 1,72	876 1,70	855 1,66	835 1,62	826 1,60	816 1,58	800 1,55	784 1,52
0,70/1,05	Q v	1034 1,84	1021 1,81	1008 1,79	984 1,75	961 1,71	951 1,69	940 1,67	921 1,64	903 1,60
0,70/1,20	Q v	1266 1,92	1250 1,90	1234 1,87	1205 1,83	1177 1,78	1165 1,77	1151 1,75	1128 1,71	1105 1,68
0,80/1,20	Q v	1485 2,02	1467 2,00	1448 1,97	1414 1,92	1381 1,88	1366 1,86	1350 1,84	1323 1,80	1297 1,76
0,80/1,40	Q v	1864 2,12	1841 2,10	1818 2,07	1774 2,02	1733 1,97	1715 1,95	1695 1,93	1661 1,89	1628 1,85
0,90/1,35	Q v	2043 2,20	2018 2,17	1992 2,14	1944 2,09	1899 2,04	1880 2,02	1857 2,00	1820 1,96	1784 1,92
1,00/1,50	Q v	2716 2,36	2682 2,34	2649 2,31	2585 2,25	2525 2,20	2499 2,18	2469 2,15	2420 2,11	2371 2,06
1,00/1,75	Q v	3406 2,48	3363 2,45	3321 2,42	3241 2,36	3166 2,31	3133 2,28	3096 2,25	3035 2,21	2974 2,17
1,10/1,65	Q v	3510 2,53	3467 2,49	3423 2,46	3341 2,40	3263 2,35	3229 2,32	3191 2,30	3128 2,25	3065 2,21
1,20/1,80	Q v	4437 2,68	4381 2,65	4326 2,62	4222 2,55	4124 2,49	4082 2,47	4033 2,44	3953 2,39	3874 2,34
1,30/1,95	Q v	5499 2,83	5431 2,80	5363 2,76	5234 2,70	5113 2,63	5059 2,61	4999 2,58	4900 2,52	4802 2,47
1,40/2,10	Q v	6706 2,98	6623 2,94	6540 2,91	6382 2,84	6234 2,77	6170 2,74	6096 2,71	5975 2,65	5855 2,60
1,50/2,25	Q v	8068 3,12	7967 3,08	7867 3,04	7678 2,97	7500 2,90	7422 2,87	7333 2,84	7188 2,78	7044 2,73
1,60/2,40	Q v	9586 3,26	9467 3,22	9348 3,18	9123 3,10	8912 3,03	8819 3,00	8713 2,96	8541 2,90	8370 2,85
1,80/2,40	Q v	11246 3,43	11107 3,38	10967 3,34	10703 3,26	10455 3,19	10347 3,15	10222 3,11	10021 3,05	9819 2,99
2,00/2,60	Q v	14376 3,65	14197 3,60	14019 3,56	13682 3,47	13364 3,39	13226 3,36	13067 3,32	12809 3,25	12552 3,19
2,00/3,00	Q v	17366 3,78	17151 3,73	16935 3,69	16528 3,60	16145 3,51	15977 3,48	15785 3,44	15474 3,37	15163 3,30
Gefälle		1:190 5,3 ‰	1:195 5,1 ‰	1:200 5,0 ‰	1:210 4,8 ‰	1:220 4,5 ‰	1:225 4,4 ‰	1:230 4,3 ‰	1:240 4,2 ‰	1:250 4,0 ‰

Eiprofile.

1:260	1:270	1:280	1:290	1:300	1:310	1:320	1:330	1:340		Profil-
3,8 ‰	3,7 ‰	3,6 ‰	3,4 ‰	3,3 ‰	3,2 ‰	3,1 ‰	3,0 ‰	2,90 ‰	Q in l/sek	Breite und Höhe in m
0,0038	0,0037	0,0036	0,0034	0,0033	0,0032	0,0031	0,0030	0,0029		
0,0620	0,0609	0,0598	0,0587	0,0577	0,0568	0,0559	0,0550	0,0542	v in m/sek	
581 1,40	571 1,38	560 1,36	550 1,33	541 1,31	532 1,29	524 1,27	515 1,25	508 1,23	Q v	0,60/0,90
768 1,49	754 1,46	741 1,44	727 1,41	715 1,39	703 1,36	692 1,34	681 1,32	671 1,30	Q v	0,60/1,10
884 1,57	869 1,54	853 1,51	837 1,49	823 1,46	810 1,44	797 1,42	785 1,39	773 1,37	Q v	0,70/1,05
1083 1,64	1063 1,61	1044 1,58	1025 1,55	1007 1,53	992 1,50	976 1,48	960 1,46	946 1,44	Q v	0,70/1,20
1270 1,73	1248 1,70	1225 1,67	1203 1,64	1182 1,61	1164 1,58	1145 1,56	1127 1,53	1110 1,51	Q v	0,80/1,20
1594 1,81	1566 1,78	1538 1,75	1509 1,72	1484 1,69	1461 1,66	1437 1,64	1414 1,61	1394 1,59	Q v	0,80/1,40
1747 1,88	1716 1,84	1685 1,81	1654 1,78	1626 1,75	1601 1,72	1575 1,69	1550 1,67	1527 1,64	Q v	0,90/1,35
2323 2,02	2282 1,99	2240 1,95	2199 1,91	2162 1,88	2128 1,85	2094 1,82	2061 1,79	2031 1,77	Q v	1,00/1,50
2913 2,12	2861 2,08	2809 2,05	2757 2,01	2711 1,97	2668 1,94	2626 1,91	2584 1,88	2546 1,85	Q v	1,00/1,75
3002 2,16	2949 2,12	2895 2,08	2842 2,05	2794 2,01	2750 1,98	2707 1,95	2663 1,92	2624 1,89	Q v	1,10/1,65
3794 2,29	3727 2,25	3659 2,21	3592 2,17	3531 2,13	3476 2,10	3421 2,07	3366 2,04	3317 2,01	Q v	1,20/1,80
4703 2,42	4620 2,38	4536 2,34	4453 2,29	4377 2,25	4309 2,22	4240 2,18	4172 2,15	4111 2,12	Q v	1,30/1,95
5735 2,55	5633 2,50	5531 2,46	5430 2,41	5337 2,37	5254 2,33	5171 2,30	5087 2,26	5013 2,23	Q v	1,40/2,10
6899 2,67	6777 2,62	6654 2,57	6532 2,53	6421 2,48	6320 2,45	6220 2,41	6120 2,37	6031 2,33	Q v	1,50/2,25
8198 2,79	8052 2,74	7907 2,69	7761 2,64	7629 2,59	7510 2,55	7391 2,51	7272 2,47	7166 2,44	Q v	1,60/2,40
9618 2,93	9447 2,88	9276 2,83	9106 2,77	8950 2,73	8811 2,68	8671 2,64	8532 2,60	8408 2,56	Q v	1,80/2,40
12294 3,12	12076 3,06	11858 3,01	11639 2,95	11441 2,90	11263 2,86	11084 2,81	10906 2,77	10747 2,73	Q v	2,00/2,60
14851 3,23	14588 3,18	14324 3,12	14061 3,06	13821 3,01	13606 2,96	13390 2,91	13174 2,87	12983 2,83	Q v	2,00/3,00
1:260	1:270	1:280	1:290	1:300	1:310	1:320	1:330	1:340		Gefälle
3,8 ‰	3,7 ‰	3,6 ‰	3,4 ‰	3,3 ‰	3,2 ‰	3,1 ‰	3,0 ‰	2,90 ‰		

3*

Vierter Abschnitt.

Ei-

Profil-Breite und Höhe in m		1:350	1:360	1:370	1:380	1:390	1:400	1:410	1:420	1:430
	Q in l/sek	2,86 ‰	2,78 ‰	2,70 ‰	2,63 ‰	2,56 ‰	2,50 ‰	2,44 ‰	2,38 ‰	2,33 ‰
		0,00286	0,00278	0,00270	0,00263	0,00256	0,00250	0,00244	0,00238	0,00233
	v in m/sek	0,0535	0,0527	0,0520	0,0513	0,0506	0,0500	0,0494	0,0488	0,0482
0,60/0,90	Q	501	494	487	481	474	469	463	457	452
	v	1,21	1,19	1,18	1,16	1,15	1,13	1,12	1,11	1,09
0,60/1,10	Q	663	653	644	635	627	619	612	604	597
	v	1,29	1,27	1,25	1,23	1,22	1,20	1,19	1,17	1,16
0,70/1,05	Q	763	752	742	732	722	713	705	696	688
	v	1,36	1,33	1,32	1,30	1,28	1,27	1,25	1,24	1,22
0,70/1,20	Q	934	920	908	896	883	873	863	852	842
	v	1,42	1,40	1,38	1,36	1,34	1,32	1,31	1,29	1,28
0,80/1,20	Q	1096	1080	1065	1051	1037	1024	1012	1000	987
	v	1,49	1,47	1,45	1,43	1,41	1,39	1,38	1,36	1,34
0,80/1,40	Q	1376	1355	1337	1319	1301	1286	1270	1255	1239
	v	1,57	1,54	1,52	1,50	1,48	1,46	1,45	1,43	1,41
0,90/1,35	Q	1508	1485	1465	1446	1426	1409	1392	1375	1358
	v	1,62	1,60	1,58	1,55	1,53	1,51	1,50	1,48	1,46
1,00/1,50	Q	2004	1974	1948	1922	1896	1873	1851	1828	1806
	v	1,75	1,72	1,70	1,67	1,65	1,63	1,61	1,59	1,57
1,00/1,75	Q	2513	2476	2443	2410	2377	2349	2321	2292	2264
	v	1,83	1,80	1,78	1,75	1,73	1,71	1,69	1,67	1,65
1,10/1,65	Q	2590	2552	2518	2484	2450	2421	2392	2363	2334
	v	1,86	1,84	1,81	1,79	1,76	1,74	1,72	1,70	1,68
1,20/1,80	Q	3274	3225	3182	3139	3096	3060	3023	2986	2950
	v	1,98	1,95	1,92	1,90	1,87	1,85	1,83	1,81	1,78
1,30/1,95	Q	4058	3998	3944	3891	3838	3793	3747	3702	3656
	v	2,09	2,06	2,03	2,00	1,98	1,95	1,93	1,91	1,88
1,40/2,10	Q	4949	4875	4810	4745	4680	4625	4569	4514	4458
	v	2,20	2,17	2,14	2,11	2,08	2,05	2,03	2,01	1,98
1,50/2,25	Q	5953	5864	5786	5708	5631	5564	5497	5430	5364
	v	2,30	2,27	2,24	2,21	2,18	2,15	2,13	2,10	2,08
1,60/2,40	Q	7074	6968	6875	6783	6690	6611	6532	6452	6373
	v	2,41	2,37	2,34	2,31	2,27	2,25	2,22	2,19	2,17
1,80/2,40	Q	8299	8175	8066	7958	7849	7756	7663	7570	7477
	v	2,53	2,49	2,46	2,42	2,39	2,36	2,33	2,31	2,28
2,00/2,60	Q	10608	10450	10311	10172	10033	9914	9795	9676	9557
	v	2,69	2,65	2,62	2,58	2,55	2,52	2,49	2,46	2,43
2,00/3,00	Q	12815	12624	12456	12288	12121	11977	11833	11689	11546
	v	2,79	2,75	2,71	2,67	2,64	2,61	2,58	2,54	2,51
Gefälle		1:350	1:360	1:370	1:380	1:390	1:400	1:410	1:420	1:430
		2,86 ‰	2,78 ‰	2,70 ‰	2,63 ‰	2,56 ‰	2,50 ‰	2,44 ‰	2,38 ‰	2,33 ‰

Eiprofile.

1:440	1:450	1:460	1:470	1:480	1:490	1:500	1:525	1:550		Profil-Breite und Höhe in m
2,27 ‰	2,22 ‰	2,17 ‰	2,13 ‰	2,08 ‰	2,04 ‰	2,00 ‰	1,90 ‰	1,82 ‰	Q in l/sek	
0,00227	0,00222	0,00217	0,00213	0,00208	0,00204	0,00200	0,00190	0,00182		
0,0477	0,0471	0,0466	0,0461	0,0456	0,0452	0,0447	0,0436	0,0426	v in m/sek	
447 / 1,08	441 / 1,07	437 / 1,06	432 / 1,04	427 / 1,03	424 / 1,02	419 / 1,01	409 / 0,99	399 / 0,97	Q / v	0,60/0,90
591 / 1,15	583 / 1,13	577 / 1,12	571 / 1,11	565 / 1,10	560 / 1,09	554 / 1,07	540 / 1,05	528 / 1,02	Q / v	0,60/1,10
680 / 1,21	672 / 1,19	665 / 1,18	658 / 1,17	650 / 1,16	645 / 1,14	638 / 1,13	622 / 1,10	608 / 1,08	Q / v	0,70/1,05
833 / 1,26	822 / 1,25	814 / 1,23	805 / 1,22	796 / 1,21	789 / 1,20	780 / 1,18	761 / 1,15	744 / 1,13	Q / v	0,70/1,20
977 / 1,33	965 / 1,31	955 / 1,30	944 / 1,28	934 / 1,27	926 / 1,26	916 / 1,25	893 / 1,22	873 / 1,19	Q / v	0,80/1,20
1227 / 1,40	1211 / 1,38	1198 / 1,36	1185 / 1,35	1173 / 1,33	1162 / 1,32	1149 / 1,31	1121 / 1,28	1095 / 1,25	Q / v	0,80/1,40
1344 / 1,44	1327 / 1,43	1313 / 1,41	1299 / 1,40	1285 / 1,38	1274 / 1,37	1260 / 1,35	1229 / 1,32	1200 / 1,29	Q / v	0,90/1,35
1787 / 1,56	1765 / 1,54	1746 / 1,52	1727 / 1,50	1708 / 1,49	1693 / 1,47	1675 / 1,46	1633 / 1,42	1596 / 1,39	Q / v	1,00/1,50
2241 / 1,63	2213 / 1,61	2189 / 1,59	2166 / 1,58	2142 / 1,56	2123 / 1,55	2100 / 1,53	2048 / 1,49	2001 / 1,46	Q / v	1,00/1,75
2309 / 1,66	2280 / 1,64	2256 / 1,62	2232 / 1,61	2208 / 1,59	2188 / 1,57	2164 / 1,56	2111 / 1,52	2063 / 1,48	Q / v	1,10/1,65
2919 / 1,76	2882 / 1,74	2852 / 1,72	2821 / 1,71	2790 / 1,69	2766 / 1,67	2735 / 1,65	2668 / 1,61	2607 / 1,58	Q / v	1,20/1,80
3618 / 1,86	3573 / 1,84	3535 / 1,82	3497 / 1,80	3459 / 1,78	3429 / 1,77	3391 / 1,75	3307 / 1,70	3231 / 1,66	Q / v	1,30/1,95
4412 / 1,96	4357 / 1,94	4310 / 1,91	4264 / 1,89	4218 / 1,87	4181 / 1,86	4135 / 1,84	4033 / 1,80	3940 / 1,75	Q / v	1,40/2,10
5308 / 2,05	5241 / 2,03	5185 / 2,01	5130 / 1,99	5074 / 1,96	5030 / 1,95	4974 / 1,92	4852 / 1,88	4740 / 1,83	Q / v	1,50/2,25
6307 / 2,14	6228 / 2,12	6161 / 2,10	6095 / 2,07	6029 / 2,05	5976 / 2,03	5910 / 2,01	5765 / 1,96	5633 / 1,92	Q / v	1,60/2,40
7399 / 2,25	7306 / 2,23	7229 / 2,20	7151 / 2,18	7074 / 2,16	7011 / 2,14	6934 / 2,11	6763 / 2,06	6608 / 2,01	Q / v	1,80/2,40
9458 / 2,40	9339 / 2,37	9240 / 2,34	9141 / 2,32	9042 / 2,29	8963 / 2,27	8863 / 2,25	8645 / 2,19	8447 / 2,14	Q / v	2,00/2,60
11426 / 2,49	11282 / 2,46	11162 / 2,43	11043 / 2,40	10923 / 2,38	10827 / 2,36	10707 / 2,33	10444 / 2,27	10204 / 2,22	Q / v	2,00/3,00
1:440	1:450	1:460	1:470	1:480	1:490	1:500	1:525	1:550		Gefälle
2,27 ‰	2,22 ‰	2,17 ‰	2,13 ‰	2,08 ‰	2,04 ‰	2,00 ‰	1,90 ‰	1,82 ‰		

Ei-

Profil-Breite und Höhe in m		1 : 575 1,74 ‰ 0,00174 0,0417	1 : 600 1,67 ‰ 0,00167 0,0408	1 : 650 1,54 ‰ 0,00154 0,0392	1 : 700 1,43 ‰ 0,00143 0,0378	1 : 750 1,33 ‰ 0,00133 0,0365	1 : 800 1,25 ‰ 0,00125 0,0354	1 : 850 1,18 ‰ 0,00118 0,0343	1 : 900 1,11 ‰ 0,00111 0,0333	1 : 950 1,05 ‰ 0,00105 0,0324
0,60/0,90	Q v	391 0,94	382 0,92	367 0,89	354 0,86	342 0,83	332 0,80	321 0,78	312 0,75	304 0,73
0,60/1,10	Q v	516 1,00	505 0,98	485 0,94	468 0,91	452 0,88	438 0,85	425 0,82	412 0,80	401 0,78
0,70/1,05	Q v	595 1,06	582 1,03	559 0,99	539 0,96	521 0,92	505 0,90	489 0,87	475 0,84	462 0,82
0,70/1,20	Q v	728 1,10	712 1,08	684 1,04	660 1,00	637 0,97	618 0,94	599 0,91	581 0,88	566 0,86
0,80/1,20	Q v	854 1,16	836 1,14	803 1,09	774 1,05	748 1,02	725 0,99	703 0,96	682 0,93	664 0,90
0,80/1,40	Q v	1072 1,22	1049 1,19	1008 1,15	972 1,11	939 1,07	910 1,04	882 1,00	856 0,97	833 0,95
0,90/1,35	Q v	1175 1,26	1150 1,24	1105 1,19	1065 1,14	1029 1,11	998 1,07	967 1,04	938 1,01	913 0,98
1,00/1,50	Q v	1562 1,36	1529 1,33	1469 1,28	1416 1,23	1367 1,19	1326 1,15	1285 1,12	1248 1,09	1214 1,06
1,00/1,75	Q v	1959 1,43	1917 1,40	1841 1,34	1776 1,29	1715 1,25	1663 1,21	1611 1,17	1564 1,14	1522 1,11
1,10/1,65	Q v	2019 1,45	1975 1,42	1898 1,37	1830 1,32	1767 1,27	1714 1,23	1661 1,20	1612 1,16	1569 1,13
1,20/1,80	Q v	2552 1,54	2497 1,51	2399 1,45	2313 1,40	2234 1,35	2166 1,31	2099 1,27	2038 1,23	1983 1,20
1,30/1,95	Q v	3163 1,63	3095 1,59	2973 1,53	2867 1,48	2769 1,43	2685 1,38	2602 1,34	2526 1,30	2458 1,27
1,40/2,10	Q v	3857 1,71	3774 1,68	3626 1,61	3496 1,55	3376 1,50	3274 1,45	3173 1,41	3080 1,37	2997 1,33
1,50/2,25	Q v	4640 1,80	4540 1,76	4362 1,69	4206 1,63	4062 1,57	3939 1,52	3817 1,48	3705 1,43	3605 1,40
1,60/2,40	Q v	5514 1,87	5395 1,83	5183 1,76	4998 1,70	4826 1,64	4681 1,59	4535 1,54	4403 1,50	4284 1,46
1,80/2,40	Q v	6469 1,97	6329 1,93	6081 1,85	5864 1,79	5662 1,72	5491 1,67	5321 1,62	5166 1,57	5026 1,53
2,00/2,60	Q v	8269 2,10	8090 2,05	7773 1,97	7495 1,90	7237 1,84	7019 1,78	6801 1,73	6603 1,68	6424 1,63
2,00/3,00	Q v	9989 2,17	9773 2,13	9390 2,04	9054 1,97	8743 1,90	8480 1,85	8216 1,79	7977 1,74	7761 1,69
Gefälle		1 : 575 1,74 ‰	1 : 600 1,67 ‰	1 : 650 1,54 ‰	1 : 700 1,43 ‰	1 : 750 1,33 ‰	1 : 800 1,25 ‰	1 : 850 1,18 ‰	1 : 900 1,11 ‰	1 : 950 1,05 ‰

Eiprofile.

1:1000	1:1100	1:1200	1:1300	1:1400	1:1500	1:1600	1:1700	1:1800	Profil-	
1,00 ‰	0,91 ‰	0,83 ‰	0,77 ‰	0,71 ‰	0,67 ‰	0,63 ‰	0,59 ‰	0,56 ‰	Q in l/sek	Breite und Höhe in m
0,0010	0,00091	0,00083	0,00077	0,00071	0,00067	0,00063	0,00059	0,00056		
0,0316	0,0302	0,0288	0,0277	0,0267	0,0258	0,0250	0,0243	0,0236	v in m/sek	
296 / 0,72	283 / 0,68	270 / 0,65	260 / 0,63	250 / 0,61	242 / 0,59	234 / 0,57	228 / 0,55	221 / 0,53	Q / v	0,60/0,90
391 / 0,76	374 / 0,73	357 / 0,69	343 / 0,67	331 / 0,64	320 / 0,62	310 / 0,60	301 / 0,58	292 / 0,57	Q / v	0,60/1,10
451 / 0,80	431 / 0,76	411 / 0,73	395 / 0,70	381 / 0,68	368 / 0,65	357 / 0,63	347 / 0,62	337 / 0,60	Q / v	0,70/1,05
552 / 0,84	527 / 0,80	503 / 0,76	484 / 0,73	466 / 0,71	450 / 0,68	437 / 0,66	424 / 0,64	412 / 0,62	Q / v	0,70/1,20
647 / 0,88	619 / 0,84	590 / 0,80	567 / 0,77	547 / 0,74	529 / 0,72	512 / 0,70	498 / 0,68	483 / 0,66	Q / v	0,80/1,20
813 / 0,92	777 / 0,88	741 / 0,84	712 / 0,81	687 / 0,78	663 / 0,75	643 / 0,73	625 / 0,71	607 / 0,69	Q / v	0,80/1,40
890 / 0,96	851 / 0,92	812 / 0,87	781 / 0,84	752 / 0,81	727 / 0,78	704 / 0,76	685 / 0,74	665 / 0,72	Q / v	0,90/1,35
1184 / 1,03	1131 / 0,99	1079 / 0,94	1038 / 0,90	1000 / 0,87	967 / 0,84	937 / 0,82	910 / 0,79	884 / 0,77	Q / v	1,00/1,50
1484 / 1,08	1419 / 1,03	1353 / 0,99	1301 / 0,95	1254 / 0,91	1212 / 0,88	1174 / 0,86	1142 / 0,83	1109 / 0,81	Q / v	1,00/1,75
1530 / 1,10	1462 / 1,05	1394 / 1,00	1341 / 0,97	1293 / 0,93	1249 / 0,90	1210 / 0,87	1177 / 0,85	1143 / 0,82	Q / v	1,10/1,65
1934 / 1,17	1848 / 1,12	1762 / 1,07	1695 / 1,02	1634 / 0,99	1579 / 0,95	1530 / 0,93	1487 / 0,90	1444 / 0,87	Q / v	1,20/1,80
2397 / 1,23	2291 / 1,18	2185 / 1,13	2101 / 1,08	2025 / 1,04	1957 / 1,01	1896 / 0,98	1843 / 0,95	1790 / 0,92	Q / v	1,30/1,95
2923 / 1,30	2793 / 1,24	2664 / 1,18	2562 / 1,14	2470 / 1,10	2386 / 1,06	2312 / 1,03	2248 / 1,00	2183 / 0,97	Q / v	1,40/2,10
3516 / 1,36	3361 / 1,30	3205 / 1,24	3082 / 1,19	2971 / 1,15	2871 / 1,11	2782 / 1,08	2704 / 1,05	2626 / 1,02	Q / v	1,50/2,25
4178 / 1,42	3993 / 1,36	3808 / 1,30	3663 / 1,25	3530 / 1,20	3411 / 1,16	3306 / 1,12	3213 / 1,09	3120 / 1,06	Q / v	1,60/2,40
4901 / 1,49	4685 / 1,43	4467 / 1,36	4297 / 1,31	4142 / 1,26	4002 / 1,22	3878 / 1,18	3769 / 1,15	3661 / 1,12	Q / v	1,80/2,40
6266 / 1,59	5988 / 1,52	5711 / 1,45	5493 / 1,39	5294 / 1,34	5116 / 1,30	4957 / 1,26	4818 / 1,22	4680 / 1,19	Q / v	2,00/2,60
7569 / 1,65	7234 / 1,57	6899 / 1,50	6635 / 1,44	6396 / 1,39	6180 / 1,35	5988 / 1,30	5821 / 1,27	5653 / 1,23	Q / v	2,00/3,00
1:1000	1:1100	1:1200	1:1300	1:1400	1:1500	1:1600	1:1700	1:1800	Gefälle	
1,00 ‰	0,91 ‰	0,83 ‰	0,77 ‰	0,71 ‰	0,67 ‰	0,63 ‰	0,59 ‰	0,56 ‰		

Vierter Abschnitt.

Ei-

Profil-Breite und Höhe in m	Q in l/sek / v in m/sek	1:1900 0,53 ‰ 0,00053 0,0229	1:2000 0,50 ‰ 0,00050 0,0224	1:2100 0,48 ‰ 0,00048 0,0218	1:2200 0,45 ‰ 0,00045 0,0213	1:2300 0,43 ‰ 0,00043 0,0209	1:2400 0,42 ‰ 0,00042 0,0204	1:2500 0,40 ‰ 0,00040 0,0200	1:2600 0,38 ‰ 0,00038 0,0196	1:2700 0,37 ‰ 0,00037 0,0192
0,60/0,90	Q v	215 0,52	210 0,51	204 0,49	200 0,48	196 0,47	191 0,46	187 0,45	184 0,44	180 0,44
0,60/1,10	Q v	284 0,55	277 0,54	270 0,52	264 0,51	259 0,50	253 0,49	248 0,48	243 0,47	238 0,46
0,70/1,05	Q v	327 0,58	320 0,57	311 0,55	304 0,54	298 0,53	291 0,52	285 0,51	280 0,50	274 0,49
0,70/1,20	Q v	400 0,61	391 0,59	381 0,58	372 0,56	365 0,55	356 0,54	349 0,53	342 0,52	335 0,51
0,80/1,20	Q v	469 0,64	459 0,62	447 0,61	436 0,59	428 0,58	418 0,57	410 0,56	402 0,55	393 0,54
0,80/1,40	Q v	589 0,67	576 0,66	561 0,64	548 0,62	537 0,61	525 0,60	514 0,59	504 0,57	494 0,56
0,90/1,35	Q v	645 0,69	631 0,68	614 0,66	600 0,65	589 0,63	575 0,62	564 0,61	552 0,59	541 0,58
1,00/1,50	Q v	858 0,75	839 0,73	817 0,71	798 0,69	783 0,68	764 0,67	749 0,65	734 0,64	719 0,63
1,00/1,75	Q v	1076 0,78	1052 0,77	1024 0,75	1001 0,73	982 0,71	958 0,70	940 0,68	921 0,67	902 0,66
1,10/1,65	Q v	1109 0,80	1085 0,78	1055 0,76	1031 0,74	1012 0,73	988 0,71	968 0,70	949 0,68	930 0,67
1,20/1,80	Q v	1401 0,85	1371 0,83	1334 0,81	1303 0,79	1279 0,77	1248 0,75	1224 0,74	1199 0,73	1175 0,71
1,30/1,95	Q v	1737 0,89	1699 0,88	1654 0,85	1616 0,83	1585 0,82	1547 0,80	1517 0,78	1487 0,77	1456 0,75
1,40/2,10	Q v	2118 0,94	2072 0,92	2016 0,90	1970 0,88	1933 0,86	1887 0,84	1850 0,82	1813 0,81	1776 0,79
1,50/2,25	Q v	2548 0,99	2493 0,96	2426 0,94	2370 0,92	2326 0,90	2270 0,88	2226 0,86	2181 0,84	2137 0,83
1,60/2,40	Q v	3028 1,03	2962 1,01	2882 0,98	2816 0,96	2763 0,94	2697 0,92	2644 0,90	2592 0,88	2539 0,86
1,80/2,40	Q v	3552 1,08	3475 1,06	3382 1,03	3304 1,01	3242 0,99	3164 0,96	3102 0,95	3040 0,93	2978 0,91
2,00/2,60	Q v	4541 1,15	4442 1,13	4323 1,10	4223 1,07	4144 1,05	4045 1,03	3966 1,01	3886 0,99	3807 0,97
2,00/3,00	Q v	5485 1,19	5366 1,17	5222 1,14	5102 1,11	5006 1,09	4887 1,06	4791 1,04	4695 1,02	4599 1,00
Gefälle		1:1900 0,53 ‰	1:2000 0,50 ‰	1:2100 0,48 ‰	1:2200 0,45 ‰	1:2300 0,43 ‰	1:2400 0,42 ‰	1:2500 0,40 ‰	1:2600 0,38 ‰	1:2700 0,37 ‰

Eiprofile.

1:2800	1:2900	1:3000	1:3500	1:4000	1:4500	1:5000	1:6000	1:10000		Profil-
0,36 ‰	0,34 ‰	0,33 ‰	0,29 ‰	0,25 ‰	0,22 ‰	0,20 ‰	0,17 ‰	0,10 ‰	Q in l/sek	Breite und Höhe in m
0,00036	0,00034	0,00033	0,00029	0,00025	0,00022	0,00020	0,00017	0,00010		
0,0189	0,0186	0,0183	0,0169	0,0158	0,0149	0,0141	0,01292	0,0100	v in m/sek	
177 / 0,43	174 / 0,42	171 / 0,41	158 / 0,38	148 / 0,36	140 / 0,34	132 / 0,32	121 / 0,29	94 / 0,23	Q / v	0,60/0,90
234 / 0,45	230 / 0,45	227 / 0,44	209 / 0,41	196 / 0,38	185 / 0,36	175 / 0,34	160 / 0,31	124 / 0,24	Q / v	0,60/1,10
270 / 0,48	265 / 0,47	261 / 0,46	241 / 0,43	225 / 0,40	213 / 0,38	201 / 0,36	184 / 0,33	143 / 0,25	Q / v	0,70/1,05
330 / 0,50	325 / 0,49	320 / 0,48	295 / 0,45	276 / 0,42	260 / 0,39	246 / 0,37	226 / 0,34	175 / 0,27	Q / v	0,70/1,20
387 / 0,53	381 / 0,52	375 / 0,51	346 / 0,47	324 / 0,44	305 / 0,42	289 / 0,39	265 / 0,36	205 / 0,28	Q / v	0,80/1,20
486 / 0,55	478 / 0,54	471 / 0,54	435 / 0,49	406 / 0,46	383 / 0,44	363 / 0,41	332 / 0,38	257 / 0,29	Q / v	0,80/1,40
533 / 0,57	524 / 0,56	516 / 0,55	476 / 0,51	445 / 0,48	420 / 0,45	397 / 0,43	364 / 0,39	282 / 0,30	Q / v	0,90/1,35
708 / 0,62	697 / 0,61	686 / 0,60	633 / 0,55	592 / 0,52	558 / 0,49	528 / 0,46	484 / 0,42	375 / 0,33	Q / v	1,00/1,50
888 / 0,65	874 / 0,64	860 / 0,63	794 / 0,58	742 / 0,54	700 / 0,51	662 / 0,48	607 / 0,44	470 / 0,34	Q / v	1,00/1,75
915 / 0,66	901 / 0,65	886 / 0,64	818 / 0,59	765 / 0,55	721 / 0,52	683 / 0,49	625 / 0,45	484 / 0,35	Q / v	1,10/1,65
1157 / 0,70	1138 / 0,69	1120 / 0,68	1034 / 0,63	967 / 0,58	912 / 0,55	863 / 0,52	791 / 0,48	612 / 0,37	Q / v	1,20/1,80
1434 / 0,74	1410 / 0,73	1388 / 0,72	1282 / 0,66	1199 / 0,62	1130 / 0,58	1070 / 0,55	980 / 0,50	759 / 0,39	Q / v	1,30/1,95
1748 / 0,78	1720 / 0,76	1693 / 0,75	1563 / 0,69	1461 / 0,65	1378 / 0,61	1304 / 0,58	1195 / 0,53	925 / 0,41	Q / v	1,40/2,10
2103 / 0,81	2070 / 0,80	2036 / 0,79	1881 / 0,73	1758 / 0,68	1658 / 0,64	1569 / 0,61	1438 / 0,56	1113 / 0,43	Q / v	1,50/2,25
2499 / 0,85	2459 / 0,84	2420 / 0,82	2235 / 0,76	2089 / 0,71	1970 / 0,67	1864 / 0,63	1708 / 0,58	1322 / 0,45	Q / v	1,60/2,40
2932 / 0,89	2885 / 0,88	2839 / 0,86	2622 / 0,80	2451 / 0,75	2311 / 0,70	2187 / 0,67	2004 / 0,61	1551 / 0,47	Q / v	1,80/2,40
3748 / 0,95	3688 / 0,94	3629 / 0,92	3351 / 0,85	3133 / 0,80	2954 / 0,75	2796 / 0,71	2562 / 0,65	1983 / 0,50	Q / v	2,00/2,60
4527 / 0,99	4455 / 0,97	4384 / 0,95	4048 / 0,88	3785 / 0,82	3569 / 0,78	3377 / 0,74	3095 / 0,67	2395 / 0,52	Q / v	2,00/3,00
1:2800	1:2900	1:3000	1:3500	1:4000	1:4500	1:5000	1:6000	1:10000		Gefälle
0,36 ‰	0,34 ‰	0,33 ‰	0,29 ‰	0,25 ‰	0,22 ‰	0,20 ‰	0,17 ‰	0,10 ‰		

Fünfter

Gedrückte Eiprofile

Profil-Breite und Höhe in m	Q in l/sek v in m/sek	Profil-Inhalt in qm	Umfang in m	Hydraul. Radius $=\frac{\text{Inhalt}}{\text{Umf.}} = R$	$Q_1 = F \cdot \frac{a \cdot R}{b+\sqrt{R}}$ in l/sek $v_1 = \frac{a \cdot R}{b+\sqrt{R}}$ in m/sek	1:10 100‰ $J=0{,}100$ $\sqrt{J}=0{,}316$	1:11 91‰ 0,091 0,302	1:12 83‰ 0,083 0,288	1:13 77‰ 0,077 0,277	1:14 71‰ 0,071 0,267

Gedrückte

Profil-Breite und Höhe in m		Inhalt in qm	Umfang in m	Radius	Q_1 / v_1	1:10	1:11	1:12	1:13	1:14
0,90/0,90	Q v	0,6069	2,7841	0,2180	16191 / 26,68	5116 / 8,43	4890 / 8,06	4663 / 7,68	4485 / 7,39	4323 / 7,12
1,00/1,00	Q v	0,7493	3,0935	0,2422	21551 / 28,76	6810 / 9,09	6508 / 8,69	6207 / 8,28	5970 / 7,97	5754 / 7,68
1,10/1,10	Q v	0,9067	3,4028	0,2664	27892 / 30,76	8814 / 9,72	8423 / 9,29	8033 / 8,86	7726 / 8,52	7447 / 8,21
1,20/1,20	Q v	1,0790	3,7121	0,2907	35284 / 32,69	11150 / 10,33	10656 / 9,87	10162 / 9,41	9774 / 9,06	9421 / 8,73
1,30/1,30	Q v	1,2663	4,0215	0,3149	43763 / 34,56	13829 / 10,92	13216 / 10,44	12604 / 9,95	12122 / 9,57	11685 / 9,23
1,40/1,40	Q v	1,4686	4,3308	0,3391	53418 / 36,37	16880 / 11,29	16132 / 10,98	15384 / 10,47	14797 / 10,07	14263 / 9,71
1,50/1,50	Q v	1,6859	4,6402	0,3633	64283 / 38,13	20313 / 12,05	19413 / 11,52	18514 / 10,98	17806 / 10,56	17164 / 10,18
1,60/1,60	Q v	1,9182	4,9495	0,3876	76441 / 39,85	24155 / 12,59	23085 / 12,03	22015 / 11,48	21174 / 11,04	20410 / 10,64
1,80/1,80	Q v	2,4277	5,5682	0,4360	104771 / 43,16	33108 / 13,64	31641 / 13,03	30174 / 12,43	29022 / 11,96	27974 / 11,52
2,00/2,00	Q v	2,9972	6,1869	0,4844	138809 / 46,31	43864 / 14,63	41920 / 13,99	39977 / 13,34	38450 / 12,83	37062 / 12,36

Maul-

1,44/1,20	Q v	1,3829	4,2254	0,3273	49085 / 35,49	15511 / 11,21	14824 / 10,72	14136 / 10,22	13597 / 9,83	13106 / 9,48
1,68/1,40	Q v	1,8823	4,9296	0,3818	74254 / 39,45	23464 / 12,47	22425 / 11,91	21385 / 11,36	20568 / 10,93	19826 / 10,53
1,80/1,50	Q v	2,1608	5,2817	0,4091	89327 / 41,34	28227 / 13,06	26977 / 12,48	25726 / 11,91	24744 / 11,45	23850 / 11,04
2,04/1,70	Q v	2,7754	5,9860	0,4637	124825 / 44,97	39445 / 14,21	37697 / 13,58	35950 / 12,95	34577 / 12,46	33328 / 12,01
2,40/2,00	Q v	3,8414	7,0423	0,5455	192494 / 50,11	60828 / 15,83	58133 / 15,13	55438 / 14,43	53321 / 13,88	51396 / 13,38
2,64/2,20	Q v	4,6481	7,7466	0,6000	247998 / 53,35	78367 / 16,86	74895 / 16,11	71423 / 15,36	68695 / 14,78	66215 / 14,24

Gefälle						1:10 100‰	1:11 91‰	1:12 83‰	1:13 77‰	1:14 71‰

Abschnitt.
und Maulprofile.

1 : 15	1 : 16	1 : 17	1 : 18	1 : 19	1 : 20	1 : 21	1 : 22	1 : 23		Profil-
67 ‰	62,5 ‰	59,0 ‰	55,6 ‰	52,6 ‰	50,0 ‰	47,6 ‰	45,5 ‰	43,5 ‰	Q in l/sek	Breite und Höhe in m
0,067	0,0625	0,0590	0,0556	0,0526	0,050	0,0476	0,0455	0,0435		
0,258	0,250	0,243	0,236	0,229	0,224	0,218	0,213	0,209	v in m/sek	

Eiprofile.

1:15	1:16	1:17	1:18	1:19	1:20	1:21	1:22	1:23		B/H
4177 / 6,88	4048 / 6,67	3934 / 6,48	3821 / 6,30	3708 / 6,11	3627 / 5,98	3530 / 5,82	3449 / 5,68	3384 / 5,58	Q / v	0,90/0,90
5560 / 7,42	5388 / 7,19	5237 / 6,99	5086 / 6,79	4935 / 6,59	4827 / 6,44	4698 / 6,27	4590 / 6,13	4504 / 6,01	Q / v	1,00/1,00
7196 / 7,94	6973 / 7,69	6778 / 7,47	6583 / 7,26	6387 / 7,04	6248 / 6,89	6080 / 6,71	5941 / 6,55	5829 / 6,43	Q / v	1,10/1,10
9103 / 8,43	8821 / 8,17	8574 / 7,94	8327 / 7,71	8080 / 7,49	7904 / 7,32	7692 / 7,13	7515 / 6,96	7374 / 6,83	Q / v	1,20/1,20
11291 / 8,92	10941 / 8,64	10634 / 8,40	10328 / 8,16	10022 / 7,91	9803 / 7,74	9540 / 7,53	9322 / 7,36	9146 / 7,22	Q / v	1,30/1,30
13782 / 9,38	13355 / 9,09	12981 / 8,84	12607 / 8,58	12233 / 8,33	11966 / 8,15	11645 / 7,93	11378 / 7,75	11164 / 7,60	Q / v	1,40/1,40
16585 / 9,84	16071 / 9,53	15621 / 9,27	15171 / 9,00	14721 / 8,73	14399 / 8,54	14014 / 8,31	13692 / 8,12	13435 / 7,97	Q / v	1,50/1,50
19722 / 10,28	19110 / 9,96	18575 / 9,68	18040 / 9,40	17505 / 9,13	17123 / 8,93	16664 / 8,69	16282 / 8,49	15976 / 8,33	Q / v	1,60/1,60
27031 / 11,14	26193 / 10,79	25459 / 10,49	24726 / 10,19	23993 / 9,88	23469 / 9,67	22840 / 9,41	22316 / 9,19	21897 / 9,02	Q / v	1,80/1,80
35813 / 11,95	34702 / 11,58	33731 / 11,25	32759 / 10,93	31787 / 10,60	31093 / 10,37	30260 / 10,10	29566 / 9,86	29011 / 9,68	Q / v	2,00/2,00

Maulprofile.

1:15	1:16	1:17	1:18	1:19	1:20	1:21	1:22	1:23		B/H
12664 / 9,16	12271 / 8,87	11928 / 8,62	11584 / 8,38	11240 / 8,13	10995 / 7,95	10701 / 7,74	10455 / 7,56	10259 / 7,42	Q / v	1,44/1,20
19158 / 10,18	18564 / 9,86	18044 / 9,59	17524 / 9,31	17004 / 9,03	16633 / 8,84	16187 / 8,60	15816 / 8,40	15519 / 8,25	Q / v	1,68/1,40
23046 / 10,67	22332 / 10,34	21706 / 10,05	21081 / 9,76	20456 / 9,47	20009 / 9,26	19473 / 9,01	19027 / 8,81	18669 / 8,64	Q / v	1,80/1,50
32205 / 11,60	31206 / 11,24	30332 / 10,93	29459 / 10,61	28585 / 10,30	27961 / 10,07	27212 / 9,80	26588 / 9,58	26088 / 9,40	Q / v	2,04/1,70
49663 / 12,93	48124 / 12,53	46776 / 12,18	45429 / 11,83	44081 / 11,48	43119 / 11,22	41964 / 10,92	41001 / 10,67	40231 / 10,47	Q / v	2,40/2,00
63983 / 13,76	62000 / 13,34	60264 / 12,96	58528 / 12,59	56792 / 12,22	55552 / 11,95	54064 / 11,63	52824 / 11,36	51832 / 11,15	Q / v	2,64/2,20

1 : 15	1 : 16	1 : 17	1 : 18	1 : 19	1 : 20	1 : 21	1 : 22	1 : 23		Gefälle
67 ‰	62,5 ‰	59,0 ‰	55,6 ‰	52,6 ‰	50,0 ‰	47,6 ‰	45,5 ‰	43,5 ‰		

Gedrückte Eiprofile

Profil-Breite und Höhe in m	Q in l/sek, v in m/sek	1 : 24 41,7 ‰ 0,0417 0,204	1 : 25 40,0 ‰ 0,0400 0,200	1 : 26 38,5 ‰ 0,0385 0,196	1 : 27 37,0 ‰ 0,0370 0,192	1 : 28 35,7 ‰ 0,0357 0,189	1 : 29 34,5 ‰ 0,0345 0,186	1 : 30 33,3 ‰ 0,0333 0,183	1 : 31 32,3 ‰ 0,0323 0,180	1 : 32 31,3 ‰ 0,0313 0,177

Gedrückte

Profil		1 : 24	1 : 25	1 : 26	1 : 27	1 : 28	1 : 29	1 : 30	1 : 31	1 : 32
0,90/0,90	Q	3303	3238	3173	3109	3060	3012	2963	2914	2866
	v	5,44	5,34	5,23	5,12	5,04	4,96	4,88	4,80	4,72
1,00/1,00	Q	4396	4310	4224	4138	4073	4008	3944	3879	3815
	v	5,87	5,75	5,64	5,52	5,44	5,35	5,26	5,18	5,09
1,10/1,10	Q	5690	5578	5467	5355	5272	5188	5104	5021	4937
	v	6,28	6,15	6,03	5,91	5,81	5,72	5,63	5,54	5,44
1,20/1,20	Q	7198	7057	6916	6775	6669	6563	6457	6351	6245
	v	6,67	6,54	6,41	6,28	6,18	6,08	5,98	5,88	5,79
1,30/1,30	Q	8928	8753	8578	8402	8271	8140	8009	7877	7746
	v	7,05	6,91	6,77	6,64	6,53	6,43	6,32	6,22	6,12
1,40/1,40	Q	10897	10684	10470	10256	10096	9936	9775	9615	9455
	v	7,42	7,27	7,13	6,98	6,87	6,76	6,66	6,55	6,44
1,50/1,50	Q	13114	12856	12599	12342	12149	11957	11764	11571	11378
	v	7,78	7,63	7,47	7,32	7,21	7,09	6,98	6,86	6,75
1,60/1,60	Q	15594	15288	14982	14677	14447	14218	13989	13759	13530
	v	8,13	7,97	7,81	7,65	7,53	7,41	7,29	7,17	7,05
1,80/1,80	Q	21373	20954	20535	20116	19802	19487	19173	18859	18544
	v	8,80	8,63	8,46	8,29	8,16	8,03	7,90	7,77	7,64
2,00/2,00	Q	28317	27762	27207	26651	26235	25818	25402	24986	24569
	v	9,45	9,26	9,08	8,89	8,75	8,61	8,47	8,34	8,20

Maul-

Profil		1 : 24	1 : 25	1 : 26	1 : 27	1 : 28	1 : 29	1 : 30	1 : 31	1 : 32
1,44/1,20	Q	10013	9817	9621	9424	9277	9130	8983	8835	8688
	v	7,24	7,10	6,96	6,81	6,71	6,60	6,49	6,39	6,28
1,68/1,40	Q	15148	14851	14554	14257	14034	13811	13588	13366	13143
	v	8,05	7,89	7,73	7,57	7,46	7,34	7,22	7,10	6,98
1,80/1,50	Q	18223	17865	17508	17151	16883	16615	16347	16079	15811
	v	8,43	8,27	8,10	7,94	7,81	7,69	7,57	7,44	7,32
2,04/1,70	Q	25464	24965	24466	23966	23592	23217	22843	22469	22094
	v	9,17	8,99	8,81	8,63	8,50	8,36	8,23	8,09	7,96
2,40/2,00	Q	39269	38499	37729	36959	36381	35804	35226	34649	34071
	v	10,22	10,02	9,82	9,62	9,47	9,32	9,17	9,02	8,87
2,64/2,20	Q	50592	49600	48608	47616	46872	46128	45384	44640	43896
	v	10,88	10,67	10,46	10,24	10,08	9,92	9,76	9,60	9,44

Gefälle	1 : 24 41,7 ‰	1 : 25 40,0 ‰	1 : 26 38,5 ‰	1 : 27 37,0 ‰	1 : 28 35,7 ‰	1 : 29 34,5 ‰	1 : 30 33,3 ‰	1 : 31 32,3 ‰	1 : 32 31,3 ‰

und Maulprofile.

1:33	1:34	1:35	1:36	1:37	1:38	1:39	1:40	1:41		Profil-
30,3 ‰	29,4 ‰	28,6 ‰	27,8 ‰	27,0 ‰	26,3 ‰	25,6 ‰	25,0 ‰	24,4 ‰	Q in l/sek	Breite
0,0303	0,0294	0,0286	0,0278	0,0270	0,0263	0,0256	0,0250	0,0244		und
0,174	0,172	0,169	0,167	0,164	0,162	0,160	0,158	0,156	v in m/sek	Höhe in m

Eiprofile.

2817	2785	2736	2704	2655	2623	2591	2558	2526	Q	0,90/0,90
4,64	4,59	4,51	4,46	4,38	4,32	4,27	4,22	4,16	v	
3750	3707	3642	3599	3534	3491	3448	3405	3362	Q	1,00/1,00
5,00	4,95	4,86	4,80	4,72	4,66	4,60	4,54	4,49	v	
4853	4797	4714	4658	4574	4519	4463	4407	4351	Q	1,10/1,10
5,35	5,29	5,20	5,14	5,04	4,98	4,92	4,86	4,80	v	
6139	6069	5963	5892	5787	5716	5645	5575	5504	Q	1,20/1,20
5,69	5,62	5,52	5,46	5,36	5,30	5,23	5,17	5,10	v	
7615	7527	7396	7308	7177	7090	7002	6915	6827	Q	1,30/1,30
6,01	5,94	5,84	5,77	5,67	5,60	5,53	5,46	5,39	v	
9295	9188	9028	8921	8761	8654	8547	8440	8333	Q	1,40/1,40
6,33	6,26	6,15	6,07	5,96	5,89	5,82	5,75	5,67	v	
11185	11057	10864	10735	10542	10414	10285	10157	10028	Q	1,50/1,50
6,63	6,56	6,44	6,37	6,25	6,18	6,10	6,02	5,95	v	
13301	13148	12919	12766	12536	12383	12231	12078	11925	Q	1,60/1,60
6,93	6,85	6,73	6,65	6,54	6,46	6,38	6,30	6,22	v	
18230	18021	17706	17497	17182	16973	16763	16554	16344	Q	1,80/1,80
7,51	7,42	7,29	7,21	7,08	6,99	6,91	6,82	6,73	v	
24153	23875	23459	23181	22765	22487	22209	21932	21654	Q	2,00/2,00
8,06	7,97	7,83	7,73	7,59	7,50	7,41	7,32	7,22	v	

profile.

8541	8443	8295	8197	8050	7952	7854	7755	7657	Q	1,44/1,20
6,18	6,10	6,00	5,93	5,82	5,75	5,68	5,61	5,54	v	
12920	12772	12549	12400	12178	12029	11881	11732	11584	Q	1,68/1,40
6,86	6,79	6,67	6,59	6,47	6,39	6,31	6,23	6,15	v	
15543	15364	15096	14918	14650	14471	14292	14114	13935	Q	1,80/1,50
7,19	7,11	6,99	6,90	6,78	6,70	6,61	6,53	6,45	v	
21720	21470	21095	20846	20471	20222	19972	19722	19473	Q	2,04/1,70
7,82	7,73	7,60	7,51	7,38	7,29	7,20	7,11	7,02	v	
33494	33109	32531	32146	31569	31184	30799	30414	30029	Q	2,40/2,00
8,73	8,62	8,47	8,37	8,22	8,12	8,02	7,92	7,82	v	
43152	42656	41912	41416	40672	40176	39680	39184	38688	Q	2,64/2,20
9,28	9,18	9,02	8,91	8,75	8,64	8,54	8,43	8,32	v	

1:33	1:34	1:35	1:36	1:37	1:38	1:39	1:40	1:41	Gefälle
30,3 ‰	29,4 ‰	28,6 ‰	27,8 ‰	27,0 ‰	26,3 ‰	25,6 ‰	25,0 ‰	24,4 ‰	

Fünfter Abschnitt.

Gedrückte Eiprofile

Profil-Breite und Höhe in m		1 : 42	1 : 43	1 : 44	1 : 45	1 : 46	1 : 47	1 : 48	1 : 49	1 : 50
	Q in l/sek	23,8 ‰	23,3 ‰	22,7 ‰	22,2 ‰	21,7 ‰	21,3 ‰	20,8 ‰	20,4 ‰	20,0 ‰
		0,0238	0,0233	0,0227	0,0222	0,0217	0,0213	0,0208	0,0204	0,0200
	v in m/sek	0,154	0,153	0,151	0,149	0,147	0,146	0,144	0,143	0,141

Gedrückte

		1:42	1:43	1:44	1:45	1:46	1:47	1:48	1:49	1:50
0,90/0,90	Q	2493	2477	2445	2412	2380	2364	2332	2315	2283
	v	4,11	4,08	4,03	3,98	3,92	3,90	3,84	3,82	3,76
1,00/1,00	Q	3319	3297	3254	3211	3168	3146	3103	3082	3039
	v	4,43	4,40	4,34	4,29	4,23	4,20	4,14	4,11	4,06
1,10/1,10	Q	4295	4267	4212	4156	4100	4072	4016	3989	3933
	v	4,74	4,71	4,64	4,58	4,52	4,49	4,43	4,40	4,34
1,20/1,20	Q	5434	5398	5328	5257	5187	5151	5081	5046	4975
	v	5,03	5,00	4,94	4,87	4,81	4,77	4,71	4,67	4,61
1,30/1,30	Q	6740	6696	6608	6521	6433	6389	6302	6258	6171
	v	5,32	5,29	5,22	5,15	5,08	5,05	4,98	4,94	4,87
1,40/1,40	Q	8226	8173	8066	7959	7852	7799	7692	7639	7532
	v	5,60	5,56	5,49	5,42	5,35	5,31	5,24	5,20	5,13
1,50/1,50	Q	9900	9835	9707	9578	9450	9385	9257	9192	9064
	v	5,87	5,83	5,76	5,68	5,61	5,57	5,49	5,45	5,38
1,60/1,60	Q	11772	11695	11543	11390	11237	11160	11008	10931	10778
	v	6,14	6,10	6,02	5,94	5,86	5,82	5,74	5,70	5,62
1,80/1,80	Q	16135	16030	15820	15611	15401	15297	15087	14982	14773
	v	6,65	6,60	6,52	6,43	6,34	6,30	6,22	6,17	6,09
2,00/2,00	Q	21377	21238	20960	20683	20405	20266	19988	19850	19572
	v	7,13	7,09	6,99	6,90	6,81	6,76	6,67	6,62	6,53

Maul-

		1:42	1:43	1:44	1:45	1:46	1:47	1:48	1:49	1:50
1,44/1,20	Q	7559	7510	7412	7314	7215	7166	7068	7019	6921
	v	5,47	5,43	5,36	5,29	5,22	5,18	5,11	5,08	5,00
1,68/1,40	Q	11435	11361	11212	11064	10915	10841	10693	10618	10470
	v	6,08	6,04	5,96	5,88	5,80	5,76	5,68	5,64	5,56
1,80/1,50	Q	13756	13667	13488	13310	13131	13042	12863	12774	12595
	v	6,37	6,33	6,24	6,16	6,08	6,04	5,95	5,91	5,83
2,04/1,70	Q	19223	19098	18849	18599	18349	18224	17975	17850	17600
	v	6,93	6,88	6,79	6,70	6,61	6,57	6,48	6,43	6,34
2,40/2,00	Q	29644	29452	29067	28682	28297	28104	27719	27527	27142
	v	7,72	7,67	7,57	7,47	7,37	7,32	7,22	7,17	7,07
2,64/2,20	Q	38192	37944	37448	36952	36456	36208	35712	35464	34968
	v	8,22	8,16	8,06	7,95	7,84	7,79	7,68	7,63	7,52

Gefälle	1:42	1:43	1:44	1:45	1:46	1:47	1:48	1:49	1:50
	23,8 ‰	23,3 ‰	22,7 ‰	22,2 ‰	21,7 ‰	21,3 ‰	20,8 ‰	20,4 ‰	20,0 ‰

und Maulprofile.

1:55	1:60	1:65	1:70	1:75	1:80	1:85	1:90	1:95		Profil-
18,2 ‰	16,7 ‰	15,4 ‰	14,3 ‰	13,3 ‰	12,5 ‰	11,8 ‰	11,1 ‰	10,5 ‰	Q in l/sek	Breite und Höhe in m
0,0182	0,0167	0,0154	0,0143	0,0133	0,0125	0,0118	0,0111	0,0105		
0,1349	0,1292	0,1241	0,1196	0,1153	0,1118	0,1086	0,1054	0,1025	v in m/sek	

Eiprofile.

1:55	1:60	1:65	1:70	1:75	1:80	1:85	1:90	1:95		
2184	2092	2009	1936	1867	1810	1758	1706	1660	Q	0,90/0,90
3,60	3,45	3,31	3,19	3,08	2,98	2,90	2,81	2,73	v	
2907	2784	2674	2577	2485	2409	2340	2271	2209	Q	1,00/1,00
3,88	3,72	3,57	3,44	3,32	3,22	3,12	3,03	2,95	v	
3763	3604	3461	3336	3216	3118	3029	2940	2859	Q	1,10/1,10
4,15	3,97	3,82	3,68	3,55	3,44	3,34	3,24	3,15	v	
4760	4559	4379	4220	4068	3945	3832	3719	3617	Q	1,20/1,20
4,41	4,22	4,06	3,91	3,77	3,65	3,55	3,45	3,35	v	
5904	5654	5431	5234	5046	4893	4753	4613	4486	Q	1,30/1,30
4,66	4,47	4,29	4,13	3,98	3,86	3,75	3,64	3,54	v	
7206	6902	6629	6389	6159	5972	5801	5630	5475	Q	1,40/1,40
4,91	4,70	4,51	4,35	4,19	4,07	3,95	3,83	3,73	v	
8672	8305	7978	7688	7412	7187	6981	6775	6589	Q	1,50/1,50
5,14	4,93	4,73	4,56	4,40	4,26	4,14	4,02	3,91	v	
10312	9876	9486	9142	8814	8546	8301	8057	7835	Q	1,60/1,60
5,38	5,15	4,95	4,77	4,59	4,46	4,33	4,20	4,08	v	
14134	13536	13002	12531	12080	11713	11378	11043	10739	Q	1,80/1,80
5,82	5,58	5,36	5,16	4,98	4,83	4,69	4,55	4,42	v	
18725	17934	17226	16602	16005	15519	15075	14630	14228	Q	2,00/2,00
6,25	5,98	5,75	5,54	5,34	5,18	5,03	4,88	4,75	v	

profile.

1:55	1:60	1:65	1:70	1:75	1:80	1:85	1:90	1:95		
6622	6342	6091	5871	5660	5488	5331	5174	5031	Q	1,44/1,20
4,79	4,59	4,40	4,24	4,09	3,97	3,85	3,74	3,64	v	
10017	9594	9215	8881	8561	8302	8064	7826	7611	Q	1,68/1,40
5,32	5,10	4,90	4,72	4,55	4,41	4,28	4,16	4,04	v	
12050	11541	11085	10684	10299	9987	9701	9415	9156	Q	1,80/1,50
5,58	5,34	5,13	4,94	4,77	4,62	4,49	4,36	4,24	v	
16839	16127	15491	14929	14392	13955	13556	13157	12795	Q	2,04/1,70
6,07	5,81	5,58	5,38	5,19	5,03	4,88	4,74	4,61	v	
25967	24870	23889	23022	22195	21521	20905	20289	19731	Q	2,40/2,00
6,76	6,47	6,22	5,99	5,78	5,60	5,44	5,28	5,14	v	
33455	32041	30777	29661	28594	27726	26933	26139	25420	Q	2,64/2,20
7,20	6,89	6,62	6,38	6,15	5,96	5,79	5,62	5,47	v	

1:55	1:60	1:65	1:70	1:75	1:80	1:85	1:90	1:95	Gefälle
18,2 ‰	16,7 ‰	15,4 ‰	14,3 ‰	13,3 ‰	12,5 ‰	11,8 ‰	11,1 ‰	10,5 ‰	

Gedrückte Eiprofile

Profil-Breite und Höhe in m	Q in l/sek / v in m/sek	1 : 100 / 10,0 ‰	1 : 105 / 9,5 ‰	1 : 110 / 9,1 ‰	1 : 115 / 8,7 ‰	1 : 120 / 8,3 ‰	1 : 125 / 8,0 ‰	1 : 130 / 7,7 ‰	1 : 135 / 7,4 ‰	1 : 140 / 7,1 ‰
	Q	0,0100	0,0095	0,0091	0,0087	0,0083	0,0080	0,0077	0,0074	0,0071
	v	0,1000	0,0975	0,0954	0,0933	0,0911	0,0894	0,0878	0,0860	0,0843

Gedrückte

Profil		1 : 100	1 : 105	1 : 110	1 : 115	1 : 120	1 : 125	1 : 130	1 : 135	1 : 140
0,90/0,90	Q	1619	1579	1545	1511	1475	1447	1422	1392	1365
	v	2,67	2,60	2,55	2,49	2,43	2,39	2,34	2,29	2,25
1,00/1,00	Q	2155	2101	2056	2011	1963	1927	1892	1853	1817
	v	2,88	2,80	2,74	2,68	2,62	2,57	2,53	2,47	2,42
1,10/1,10	Q	2789	2719	2661	2602	2541	2494	2449	2399	2351
	v	3,08	3,00	2,93	2,87	2,80	2,75	2,70	2,65	2,59
1,20/1,20	Q	3528	3440	3366	3292	3214	3154	3098	3034	2974
	v	3,27	3,19	3,12	3,05	2,98	2,92	2,87	2,81	2,76
1,30/1,30	Q	4376	4267	4175	4083	3987	3912	3842	3764	3689
	v	3,46	3,37	3,30	3,22	3,15	3,09	3,03	2,97	2,91
1,40/1,40	Q	5342	5208	5096	4984	4866	4776	4690	4594	4503
	v	3,64	3,55	3,47	3,39	3,31	3,25	3,19	3,13	3,07
1,50/1,50	Q	6428	6268	6133	5998	5856	5747	5644	5528	5419
	v	3,81	3,72	3,64	3,56	3,47	3,41	3,35	3,28	3,21
1,60/1,60	Q	7644	7453	7292	7132	6964	6834	6712	6574	6444
	v	3,98	3,89	3,80	3,72	3,63	3,56	3,50	3,43	3,36
1,80/1,80	Q	10477	10215	9995	9775	9545	9367	9199	9010	8832
	v	4,32	4,21	4,12	4,03	3,93	3,86	3,79	3,71	3,64
2,00/2,00	Q	13881	13534	13242	12951	12645	12410	12187	11938	11702
	v	4,63	4,52	4,42	4,32	4,22	4,14	4,07	3,98	3,90

Maul-

Profil		1 : 100	1 : 105	1 : 110	1 : 115	1 : 120	1 : 125	1 : 130	1 : 135	1 : 140
1,44/1,20	Q	4909	4786	4683	4580	4472	4388	4310	4221	4138
	v	3,55	3,46	3,39	3,31	3,23	3,17	3,12	3,05	2,99
1,68/1,40	Q	7425	7240	7084	6928	6765	6638	6520	6386	6260
	v	3,95	3,85	3,76	3,68	3,59	3,53	3,46	3,39	3,33
1,80/1,50	Q	8933	8709	8522	8334	8138	7986	7843	7682	7530
	v	4,13	4,03	3,94	3,86	3,77	3,70	3,63	3,56	3,48
2,04/1,70	Q	12483	12170	11908	11646	11372	11159	10960	10735	10523
	v	4,50	4,38	4,29	4,20	4,10	4,02	3,95	3,87	3,79
2,40/2,00	Q	19249	18768	18364	17960	17536	17209	16901	16554	16227
	v	5,01	4,89	4,78	4,68	4,57	4,48	4,40	4,31	4,22
2,64/2,20	Q	24800	24180	23659	23138	22593	22171	21774	21328	20906
	v	5,34	5,20	5,09	4,98	4,86	4,77	4,68	4,59	4,50
Gefälle		1 : 100	1 : 105	1 : 110	1 : 115	1 : 120	1 : 125	1 : 130	1 : 135	1 : 140
		10,0 ‰	9,5 ‰	9,1 ‰	8,7 ‰	8,3 ‰	8,0 ‰	7,7 ‰	7,4 ‰	7,1 ‰

Gedrückte Eiprofile und Maulprofile.

und Maulprofile.

1:145	1:150	1:155	1:160	1:165	1:170	1:175	1:180	1:185		Profil-
6,9 ‰	6,7 ‰	6,5 ‰	6,3 ‰	6,1 ‰	5,9 ‰	5,7 ‰	5,6 ‰	5,4 ‰	Q in l/sek	Breite und Höhe in m
0,0069	0,0067	0,0065	0,0063	0,0061	0,0059	0,0057	0,0056	0,0054		
0,0831	0,0819	0,0806	0,0794	0,0781	0,0768	0,0756	0,0745	0,0735	v in m/sek	

Eiprofile.

1345	1326	1305	1286	1265	1243	1224	1206	1190	Q	0,90/0,90
2,22	2,19	2,15	2,12	2,08	2,05	2,02	1,99	1,96	v	
1791	1765	1737	1711	1683	1655	1629	1606	1584	Q	1,00/1,00
2,39	2,36	2,32	2,28	2,25	2,21	2,17	2,14	2,11	v	
2318	2284	2248	2215	2178	2142	2109	2078	2050	Q	1,10/1,10
2,56	2,52	2,48	2,44	2,40	2,36	2,33	2,29	2,26	v	
2932	2890	2844	2802	2756	2710	2667	2629	2593	Q	1,20/1,20
2,72	2,68	2,63	2,60	2,55	2,51	2,47	2,44	2,40	v	
3637	3584	3527	3475	3418	3361	3308	3260	3217	Q	1,30/1,30
2,87	2,83	2,79	2,74	2,70	2,65	2,61	2,57	2,54	v	
4439	4375	4305	4241	4172	4103	4038	3980	3926	Q	1,40/1,40
3,02	2,98	2,93	2,89	2,84	2,79	2,75	2,71	2,67	v	
5342	5265	5181	5104	5021	4937	4860	4789	4725	Q	1,50/1,50
3,17	3,12	3,07	3,03	2,98	2,93	2,88	2,84	2,80	v	
6352	6261	6161	6069	5970	5871	5779	5695	5618	Q	1,60/1,60
3,31	3,26	3,21	3,16	3,11	3,06	3,02	2,97	2,93	v	
8706	8581	8445	8319	8183	8046	7921	7805	7701	Q	1,80/1,80
3,59	3,53	3,48	3,43	3,37	3,31	3,26	3,22	3,17	v	
11535	11368	11188	11021	10841	10661	10494	10341	10202	Q	2,00/2,00
3,85	3,79	3,73	3,68	3,62	3,56	3,50	3,45	3,40	v	

profile.

4079	4020	3956	3897	3834	3770	3711	3657	3608	Q	1,44/1,20
2,95	2,91	2,86	2,82	2,77	2,73	2,68	2,64	2,61	v	
6171	6081	5985	5896	5799	5703	5614	5532	5458	Q	1,68/1,40
3,28	3,23	3,18	3,13	3,08	3,03	2,98	2,94	2,90	v	
7423	7316	7200	7093	6976	6860	6753	6655	6566	Q	1,80/1,50
3,44	3,39	3,33	3,28	3,23	3,18	3,13	3,08	3,04	v	
10373	10223	10061	9911	9749	9587	9437	9299	9174	Q	2,04/1,70
3,74	3,69	3,62	3,57	3,51	3,46	3,40	3,35	3,31	v	
15996	15765	15515	15284	15034	14784	14553	14341	14148	Q	2,40/2,00
4,16	4,10	4,04	3,98	3,91	3,85	3,79	3,73	3,68	v	
20609	20311	19989	19691	19369	19046	18749	18476	18228	Q	2,64/2,20
4,43	4,37	4,30	4,24	4,17	4,10	4,03	3,97	3,92	v	

1:145	1:150	1:155	1:160	1:165	1:170	1:175	1:180	1:185	Gefälle
6,9 ‰	6,7 ‰	6,5 ‰	6,3 ‰	6,1 ‰	5,9 ‰	5,7 ‰	5,6 ‰	5,4 ‰	

Wild-Schöberlein, Tabellenbuch.

Gedrückte Eiprofile

Profil-Breite und Höhe in m		1 : 190	1 : 195	1 : 200	1 : 210	1 : 220	1 : 225	1 : 230	1 : 240	1 : 250
	Q in l/sek	5,3 ‰	5,1 ‰	5,0 ‰	4,8 ‰	4,5 ‰	4,4 ‰	4,3 ‰	4,2 ‰	4,0 ‰
	in m/sek	0,0053	0,0051	0,0050	0,0048	0,0045	0,0044	0,0043	0,0042	0,0040
	v	0,0725	0,0716	0,0707	0,0690	0,0674	0,0667	0,0659	0,0646	0,0633

Gedrückte

Breite/Höhe		1:190	1:195	1:200	1:210	1:220	1:225	1:230	1:240	1:250
0,90/0,90	Q	1174	1159	1145	1117	1091	1080	1067	1046	1025
	v	1,93	1,91	1,89	1,84	1,80	1,78	1,76	1,72	1,69
1,00/1,00	Q	1562	1543	1524	1487	1453	1437	1420	1392	1364
	v	2,09	2,06	2,03	1,98	1,94	1,92	1,90	1,86	1,82
1,10/1,10	Q	2022	1997	1972	1925	1880	1860	1838	1802	1766
	v	2,23	2,20	2,17	2,12	2,07	2,05	2,03	1,99	1,95
1,20/1,20	Q	2558	2526	2495	2435	2378	2353	2325	2279	2233
	v	2,37	2,34	2,31	2,26	2,20	2,18	2,15	2,11	2,07
1,30/1,30	Q	3173	3133	3094	3020	2950	2919	2884	2827	2770
	v	2,51	2,47	2,44	2,38	2,33	2,31	2,28	2,23	2,19
1,40/1,40	Q	3873	3825	3777	3686	3600	3563	3520	3451	3381
	v	2,64	2,60	2,57	2,51	2,45	2,43	2,40	2,35	2,30
1,50/1,50	Q	4661	4603	4545	4436	4333	4288	4236	4153	4069
	v	2,76	2,73	2,70	2,63	2,57	2,54	2,51	2,46	2,41
1,60/1,60	Q	5542	5473	5404	5274	5152	5099	5037	4938	4839
	v	2,89	2,85	2,82	2,75	2,69	2,66	2,63	2,57	2,52
1,80/1,80	Q	7596	7502	7407	7229	7062	6988	6904	6768	6632
	v	3,13	3,09	3,05	2,98	2,91	2,88	2,84	2,79	2,73
2,00/2,00	Q	10064	9939	9814	9578	9356	9259	9148	8967	8787
	v	3,36	3,32	3,27	3,20	3,12	3,09	3,05	2,99	2,93

Maul-

Breite/Höhe		1:190	1:195	1:200	1:210	1:220	1:225	1:230	1:240	1:250
1,44/1,20	Q	3559	3514	3470	3387	3308	3274	3235	3171	3107
	v	2,57	2,54	2,51	2,45	2,39	2,37	2,34	2,29	2,25
1,68/1,40	Q	5383	5317	5250	5124	5005	4953	4893	4797	4700
	v	2,86	2,82	2,79	2,72	2,66	2,63	2,60	2,55	2,50
1,80/1,50	Q	6476	6396	6315	6164	6021	5958	5887	5771	5654
	v	3,00	2,96	2,92	2,85	2,79	2,76	2,72	2,67	2,62
2,04/1,70	Q	9050	8937	8825	8613	8413	8326	8226	8064	7901
	v	3,26	3,22	3,18	3,10	3,03	3,00	2,96	2,91	2,85
2,40/2,00	Q	13956	13783	13609	13282	12974	12839	12685	12435	12185
	v	3,63	3,59	3,54	3,46	3,38	3,34	3,30	3,24	3,17
2,64/2,20	Q	17980	17757	17533	17112	16715	16541	16343	16021	15698
	v	3,87	3,82	3,77	3,68	3,60	3,56	3,52	3,45	3,38
Gefälle		1:190	1:195	1:200	1:210	1:220	1:225	1:230	1:240	1:250
		5,3 ‰	5,1 ‰	5,0 ‰	4,8 ‰	4,5 ‰	4,4 ‰	4,3 ‰	4,2 ‰	4,0 ‰

Gedrückte Eiprofile und Maulprofile.

1 : 260	1 : 270	1 : 280	1 : 290	1 : 300	1 : 310	1 : 320	1 : 330	1 : 340		Profil-
3,8 ⁰/₀₀	3,7 ⁰/₀₀	3,6 ⁰/₀₀	3,4 ⁰/₀₀	3,3 ⁰/₀₀	3,2 ⁰/₀₀	3,1 ⁰/₀₀	3,0 ⁰/₀₀	2,9 ⁰/₀₀	Q in l/sek	Breite und
0,0038	0,0037	0,0036	0,0034	0,0033	0,0032	0,0031	0,0030	0,0029	v in m/sek	Höhe in m
0,0620	0,0609	0,0598	0,0587	0,0577	0,0568	0,0559	0,0550	0,0542		

Eiprofile.

1004 / 1,65	986 / 1,62	968 / 1,60	950 / 1,57	934 / 1,54	920 / 1,52	905 / 1,49	891 / 1,47	878 / 1,45	Q/v	0,90/0,90
1336 / 1,78	1312 / 1,75	1289 / 1,72	1265 / 1,69	1243 / 1,66	1224 / 1,63	1205 / 1,61	1185 / 1,58	1168 / 1,56	Q/v	1,00/1,00
1729 / 1,91	1699 / 1,87	1668 / 1,84	1637 / 1,81	1609 / 1,77	1584 / 1,75	1559 / 1,72	1534 / 1,69	1512 / 1,67	Q/v	1,10/1,10
2188 / 2,03	2149 / 1,99	2110 / 1,95	2071 / 1,92	2036 / 1,89	2004 / 1,86	1972 / 1,83	1941 / 1,80	1912 / 1,77	Q/v	1,20/1,20
2713 / 2,14	2665 / 2,10	2617 / 2,07	2569 / 2,03	2525 / 1,99	2486 / 1,96	2446 / 1,93	2407 / 1,90	2372 / 1,87	Q/v	1,30/1,30
3312 / 2,25	3253 / 2,21	3194 / 2,17	3136 / 2,13	3082 / 2,10	3034 / 2,07	2986 / 2,03	2938 / 2,00	2895 / 1,97	Q/v	1,40/1,40
3986 / 2,36	3915 / 2,32	3844 / 2,28	3773 / 2,24	3709 / 2,20	3651 / 2,17	3593 / 2,13	3536 / 2,10	3484 / 2,07	Q/v	1,50/1,50
4739 / 2,47	4655 / 2,43	4571 / 2,38	4487 / 2,34	4411 / 2,30	4342 / 2,26	4273 / 2,23	4204 / 2,19	4143 / 2,16	Q/v	1,60/1,60
6496 / 2,68	6381 / 2,63	6265 / 2,58	6150 / 2,53	6045 / 2,49	5951 / 2,45	5857 / 2,41	5762 / 2,37	5679 / 2,34	Q/v	1,80/1,80
8606 / 2,87	8453 / 2,82	8301 / 2,77	8148 / 2,72	8009 / 2,67	7884 / 2,63	7759 / 2,59	7634 / 2,55	7523 / 2,51	Q/v	2,00/2,00

Maulprofile.

3043 / 2,20	2989 / 2,16	2935 / 2,12	2881 / 2,08	2832 / 2,05	2788 / 2,02	2744 / 1,98	2700 / 1,95	2660 / 1,92	Q/v	1,44/1,20
4604 / 2,45	4522 / 2,40	4440 / 2,36	4359 / 2,32	4284 / 2,28	4218 / 2,24	4151 / 2,21	4084 / 2,17	4025 / 2,14	Q/v	1,68/1,40
5538 / 2,56	5440 / 2,52	5342 / 2,47	5243 / 2,43	5154 / 2,39	5074 / 2,35	4993 / 2,31	4913 / 2,27	4842 / 2,24	Q/v	1,80/1,50
7739 / 2,79	7602 / 2,74	7465 / 2,69	7327 / 2,64	7202 / 2,59	7090 / 2,55	6978 / 2,51	6865 / 2,47	6766 / 2,44	Q/v	2,04/1,70
11935 / 3,11	11723 / 3,05	11511 / 3,00	11299 / 2,94	11107 / 2,89	10934 / 2,85	10760 / 2,80	10587 / 2,76	10433 / 2,72	Q/v	2,40/2,00
15376 / 3,31	15103 / 3,25	14830 / 3,19	14557 / 3,13	14309 / 3,08	14086 / 3,03	13863 / 2,98	13640 / 2,93	13441 / 2,89	Q/v	2,64/2,20

1 : 260	1 : 270	1 : 280	1 : 290	1 : 300	1 : 310	1 : 320	1 : 330	1 : 340	Gefälle
3,8 ⁰/₀₀	3,7 ⁰/₀₀	3,6 ⁰/₀₀	3,4 ⁰/₀₀	3,3 ⁰/₀₀	3,2 ⁰/₀₀	3,1 ⁰/₀₀	3,0 ⁰/₀₀	2,9 ⁰/₀₀	

Gedrückte Eiprofile

Profil-Breite und Höhe in m		1 : 350	1 : 360	1 : 370	1 : 380	1 : 390	1 : 400	1 : 410	1 : 420	1 : 430
	Q in l/sek	2,86 ⁰/₀₀	2,78 ⁰/₀₀	2,70 ⁰/₀₀	2,63 ⁰/₀₀	2,56 ⁰/₀₀	2,50 ⁰/₀₀	2,44 ⁰/₀₀	2,38 ⁰/₀₀	2,33 ⁰/₀₀
		0,00286	0,00278	0,00270	0,00263	0,00256	0,00250	0,00244	0,00238	0,00233
	v in m/sek	0,0535	0,0527	0,0520	0,0513	0,0506	0,0500	0,0494	0,0488	0,0482

Gedrückte

		1 : 350	1 : 360	1 : 370	1 : 380	1 : 390	1 : 400	1 : 410	1 : 420	1 : 430
0,90/0,90	Q	866	853	842	831	819	810	800	790	780
	v	1,43	1,41	1,39	1,37	1,35	1,33	1,32	1,30	1,29
1,00/1,00	Q	1153	1136	1121	1106	1090	1078	1065	1052	1039
	v	1,54	1,52	1,50	1,48	1,46	1,44	1,42	1,40	1,39
1,10/1,10	Q	1492	1470	1450	1431	1411	1395	1378	1361	1344
	v	1,65	1,62	1,60	1,58	1,56	1,54	1,52	1,50	1,48
1,20/1,20	Q	1888	1859	1835	1810	1785	1764	1743	1722	1701
	v	1,75	1,72	1,70	1,68	1,65	1,63	1,61	1,60	1,58
1,30/1,30	Q	2341	2306	2276	2245	2214	2188	2162	2136	2109
	v	1,85	1,82	1,80	1,77	1,75	1,73	1,71	1,69	1,67
1,40/1,40	Q	2858	2815	2778	2740	2703	2671	2639	2607	2575
	v	1,95	1,92	1,89	1,87	1,84	1,82	1,80	1,77	1,75
1,50/1,50	Q	3439	3388	3343	3298	3253	3214	3176	3137	3098
	v	2,04	2,01	1,98	1,96	1,93	1,91	1,88	1,86	1,84
1,60/1,60	Q	4090	4028	3975	3921	3868	3822	3776	3730	3684
	v	2,13	2,10	2,07	2,04	2,02	1,99	1,97	1,94	1,92
1,80/1,80	Q	5605	5521	5448	5375	5301	5239	5175	5113	5050
	v	2,31	2,27	2,24	2,21	2,18	2,16	2,13	2,11	2,08
2,00/2,00	Q	7426	7315	7218	7121	7024	6940	6857	6774	6691
	v	2,48	2,44	2,41	2,38	2,34	2,32	2,29	2,26	2,23

Maul-

		1 : 350	1 : 360	1 : 370	1 : 380	1 : 390	1 : 400	1 : 410	1 : 420	1 : 430
1,44/1,20	Q	2626	2587	2552	2518	2484	2454	2425	2395	2366
	v	1,90	1,87	1,85	1,82	1,80	1,77	1,75	1,73	1,71
1,68/1,40	Q	3973	3913	3861	3809	3757	3713	3668	3624	3579
	v	2,11	2,08	2,05	2,02	2,00	1,97	1,95	1,93	1,90
1,80/1,50	Q	4779	4708	4645	4582	4520	4466	4413	4359	4306
	v	2,21	2,18	2,15	2,12	2,09	2,07	2,04	2,02	1,99
2,04/1,70	Q	6678	6578	6491	6404	6316	6241	6166	6091	6017
	v	2,41	2,37	2,34	2,31	2,28	2,25	2,22	2,19	2,17
2,40/2,00	Q	10298	10144	10010	9875	9740	9625	9509	9394	9278
	v	2,68	2,64	2,61	2,57	2,54	2,51	2,48	2,45	2,42
2,64/2,20	Q	13268	13069	12896	12722	12549	12400	12251	12102	11954
	v	2,85	2,81	2,77	2,74	2,70	2,67	2,64	2,60	2,57

Gefälle	1 : 350	1 : 360	1 : 370	1 : 380	1 : 390	1 : 400	1 : 410	1 : 420	1 : 430
	2,86 ⁰/₀₀	2,78 ⁰/₀₀	2,70 ⁰/₀₀	2,63 ⁰/₀₀	2,56 ⁰/₀₀	2,50 ⁰/₀₀	2,44 ⁰/₀₀	2,38 ⁰/₀₀	2,33 ⁰/₀₀

Gedrückte Eiprofile und Maulprofile.

und Maulprofile.

1 : 440	1 : 450	1 : 460	1 : 470	1 : 480	1 : 490	1 : 500	1 : 525	1 : 550		Profil-
2,27 ‰	2,22 ‰	2,17 ‰	2,13 ‰	2,08 ‰	2,04 ‰	2,00 ‰	1,90 ‰	1,82 ‰	Q in l/sek	Breite und Höhe in m
0,00227	0,00222	0,00217	0,00213	0,00208	0,00204	0,00200	0,00190	0,00182		
0,0477	0,0471	0,0466	0,0461	0,0456	0,0452	0,0447	0,0436	0,0426	v in m/sek	

Eiprofile.

1 : 440	1 : 450	1 : 460	1 : 470	1 : 480	1 : 490	1 : 500	1 : 525	1 : 550		
772 / 1,27	763 / 1,26	755 / 1,24	746 / 1,23	738 / 1,22	732 / 1,21	724 / 1,19	706 / 1,16	690 / 1,14	Q / v	0,90/0,90
1028 / 1,37	1015 / 1,35	1004 / 1,34	994 / 1,33	983 / 1,31	974 / 1,30	963 / 1,29	940 / 1,25	918 / 1,23	Q / v	1,00/1,00
1330 / 1,47	1314 / 1,45	1300 / 1,43	1286 / 1,42	1272 / 1,40	1261 / 1,39	1247 / 1,37	1216 / 1,34	1188 / 1,31	Q / v	1,10/1,10
1683 / 1,56	1662 / 1,54	1644 / 1,52	1627 / 1,51	1609 / 1,49	1595 / 1,48	1577 / 1,46	1538 / 1,43	1503 / 1,39	Q / v	1,20/1,20
2087 / 1,65	2061 / 1,63	2039 / 1,61	2017 / 1,59	1996 / 1,58	1978 / 1,56	1956 / 1,54	1908 / 1,51	1864 / 1,47	Q / v	1,30/1,30
2548 / 1,73	2516 / 1,71	2489 / 1,69	2463 / 1,68	2436 / 1,66	2414 / 1,64	2388 / 1,63	2329 / 1,59	2276 / 1,55	Q / v	1,40/1,40
3066 / 1,82	3028 / 1,80	2996 / 1,78	2963 / 1,76	2931 / 1,74	2906 / 1,72	2873 / 1,70	2803 / 1,66	2738 / 1,62	Q / v	1,50/1,50
3646 / 1,90	3600 / 1,88	3562 / 1,86	3524 / 1,84	3486 / 1,82	3455 / 1,80	3417 / 1,78	3333 / 1,74	3256 / 1,70	Q / v	1,60/1,60
4998 / 2,06	4935 / 2,03	4882 / 2,01	4830 / 1,99	4778 / 1,97	4736 / 1,95	4683 / 1,93	4568 / 1,88	4463 / 1,84	Q / v	1,80/1,80
6621 / 2,21	6538 / 2,18	6468 / 2,16	6399 / 2,13	6330 / 2,11	6274 / 2,09	6205 / 2,07	6052 / 2,02	5913 / 1,97	Q / v	2,00/2,00

profile.

1 : 440	1 : 450	1 : 460	1 : 470	1 : 480	1 : 490	1 : 500	1 : 525	1 : 550		
2341 / 1,69	2312 / 1,67	2287 / 1,65	2263 / 1,64	2238 / 1,62	2219 / 1,60	2195 / 1,59	2140 / 1,55	2091 / 1,51	Q / v	1,44/1,20
3542 / 1,88	3497 / 1,86	3460 / 1,84	3423 / 1,82	3386 / 1,80	3356 / 1,78	3319 / 1,76	3237 / 1,72	3163 / 1,68	Q / v	1,68/1,40
4261 / 1,97	4207 / 1,95	4163 / 1,93	4118 / 1,91	4073 / 1,89	4038 / 1,87	3993 / 1,85	3895 / 1,80	3805 / 1,76	Q / v	1,80/1,50
5954 / 2,15	5879 / 2,12	5817 / 2,10	5754 / 2,07	5692 / 2,05	5642 / 2,03	5580 / 2,01	5442 / 1,96	5318 / 1,92	Q / v	2,04/1,70
9182 / 2,39	9066 / 2,36	8970 / 2,34	8874 / 2,31	8778 / 2,29	8701 / 2,26	8604 / 2,24	8493 / 2,18	8200 / 2,13	Q / v	2,40/2,00
11830 / 2,54	11681 / 2,51	11557 / 2,49	11433 / 2,46	11309 / 2,43	11210 / 2,41	11086 / 2,38	10813 / 2,33	10565 / 2,27	Q / v	2,64/2,20
1 : 440	1 : 450	1 : 460	1 : 470	1 : 480	1 : 490	1 : 500	1 : 525	1 : 550		Gefälle
2,27 ‰	2,22 ‰	2,17 ‰	2,13 ‰	2,08 ‰	2,04 ‰	2,00 ‰	1,90 ‰	1,82 ‰		

Gedrückte Eiprofile

Profil-Breite und Höhe in m		1 : 575	1 : 600	1 : 650	1 : 700	1 : 750	1 : 800	1 : 850	1 : 900	1 : 950
	Q in l/sek	1,74 ‰	1,67 ‰	1,54 ‰	1,43 ‰	1,33 ‰	1,25 ‰	1,18 ‰	1,11 ‰	1,05 ‰
		0,00174	0,00167	0,00154	0,00143	0,00133	0,00125	0,00118	0,00111	0,00105
	v in m/sek	0,0417	0,0408	0,0392	0,0378	0,0365	0,0354	0,0343	0,0333	0,0324

Gedrückte

0,90/0,90	Q	675	661	635	612	591	573	555	539	525
	v	1,11	1,09	1,05	1,01	0,97	0,94	0,92	0,89	0,86
1,00/1,00	Q	899	879	845	815	787	763	739	718	698
	v	1,20	1,17	1,13	1,09	1,05	1,02	0,99	0,96	0,93
1,10/1,10	Q	1163	1138	1093	1054	1018	987	957	929	904
	v	1,28	1,26	1,21	1,16	1,12	1,09	1,06	1,02	1,00
1,20/1,20	Q	1471	1440	1383	1334	1288	1249	1210	1175	1143
	v	1,36	1,33	1,28	1,24	1,19	1,16	1,12	1,09	1,06
1,30/1,30	Q	1825	1786	1716	1654	1597	1549	1501	1457	1418
	v	1,44	1,41	1,35	1,31	1,26	1,22	1,19	1,15	1,12
1,40/1,40	Q	2228	2179	2094	2019	1950	1891	1832	1779	1731
	v	1,52	1,48	1,43	1,37	1,33	1,29	1,25	1,21	1,18
1,50/1,50	Q	2681	2623	2520	2430	2346	2276	2205	2141	2083
	v	1,59	1,56	1,49	1,44	1,39	1,35	1,31	1,27	1,24
1,60/1,60	Q	3188	3119	2996	2889	2790	2706	2622	2545	2477
	v	1,66	1,63	1,56	1,51	1,45	1,41	1,37	1,33	1,29
1,80/1,80	Q	4369	4275	4107	3960	3824	3709	3594	3489	3395
	v	1,80	1,76	1,69	1,63	1,58	1,53	1,48	1,44	1,40
2,00/2,00	Q	5788	5663	5441	5247	5067	4914	4761	4622	4497
	v	1,93	1,89	1,82	1,75	1,69	1,64	1,59	1,54	1,50

Maul-

1,44/1,20	Q	2047	2003	1924	1855	1792	1738	1684	1635	1590
	v	1,48	1,45	1,39	1,34	1,30	1,26	1,22	1,18	1,15
1,68/1,40	Q	3096	3030	2911	2807	2710	2629	2547	2473	2406
	v	1,65	1,61	1,55	1,49	1,44	1,40	1,35	1,31	1,28
1,80/1,50	Q	3725	3645	3502	3377	3260	3162	3064	2975	2894
	v	1,72	1,69	1,62	1,56	1,51	1,46	1,42	1,38	1,34
2,04/1,70	Q	5205	5093	4893	4718	4556	4419	4281	4157	4044
	v	1,88	1,83	1,76	1,70	1,64	1,59	1,54	1,50	1,46
2,40/2,00	Q	8027	7854	7546	7276	7026	6814	6603	6410	6237
	v	2,09	2,04	1,96	1,89	1,83	1,77	1,72	1,67	1,62
2,64/2,20	Q	10342	10118	9722	9374	9052	8779	8506	8258	8035
	v	2,22	2,18	2,09	2,02	1,95	1,89	1,83	1,78	1,73

Gefälle	1 : 575	1 : 600	1 : 650	1 : 700	1 : 750	1 : 800	1 : 850	1 : 900	1 : 950
	1,74 ‰	1,67 ‰	1,54 ‰	1,43 ‰	1,33 ‰	1,25 ‰	1,18 ‰	1,11 ‰	1,05 ‰

und Maulprofile.

1:1000	1:1100	1:1200	1:1300	1:1400	1:1500	1:1600	1:1700	1:1800		Profil-
1,00 ‰	0,91 ‰	0,83 ‰	0,77 ‰	0,71 ‰	0,67 ‰	0,63 ‰	0,59 ‰	0,56 ‰	Q in l/sek	Breite und Höhe in m
0,00100	0,00091	0,00083	0,00077	0,00071	0,00067	0,00063	0,00059	0,00056		
0,0316	0,0302	0,0288	0,0277	0,0267	0,0258	0,0250	0,0243	0,0236	v in m/sek	

Eiprofile.

1:1000	1:1100	1:1200	1:1300	1:1400	1:1500	1:1600	1:1700	1:1800		
512	489	466	448	432	418	405	393	382	Q	0,90/0,90
0,84	0,81	0,77	0,74	0,71	0,69	0,67	0,65	0,63	v	
681	651	621	597	575	556	539	524	509	Q	1,00/1,00
0,91	0,87	0,83	0,80	0,77	0,74	0,72	0,70	0,68	v	
881	842	803	773	745	720	697	678	658	Q	1,10/1,10
0,97	0,93	0,89	0,85	0,82	0,79	0,77	0,75	0,73	v	
1115	1066	1016	977	942	910	882	857	833	Q	1,20/1,20
1,03	0,99	0,94	0,91	0,87	0,84	0,82	0,79	0,77	v	
1383	1322	1260	1212	1168	1129	1094	1063	1033	Q	1,30/1,30
1,09	1,04	1,00	0,96	0,92	0,89	0,86	0,84	0,82	v	
1688	1613	1538	1480	1426	1378	1335	1298	1261	Q	1,40/1,40
1,13	1,10	1,05	1,01	0,97	0,94	0,91	0,88	0,86	v	
2031	1941	1851	1781	1716	1659	1607	1562	1517	Q	1,50/1,50
1,20	1,15	1,10	1,06	1,02	0,98	0,95	0,93	0,90	v	
2416	2309	2202	2117	2041	1972	1911	1858	1804	Q	1,60/1,60
1,26	1,20	1,15	1,10	1,06	1,03	1,00	0,97	0,94	v	
3311	3164	3017	2902	2797	2703	2619	2546	2473	Q	1,80/1,80
1,36	1,30	1,24	1,20	1,15	1,11	1,08	1,05	1,02	v	
4386	4192	3998	3845	3706	3581	3470	3373	3276	Q	2,00/2,00
1,46	1,40	1,33	1,28	1,24	1,20	1,16	1,13	1,09	v	

Maulprofile.

1:1000	1:1100	1:1200	1:1300	1:1400	1:1500	1:1600	1:1700	1:1800		
1551	1482	1414	1360	1311	1266	1227	1193	1158	Q	1,44/1,20
1,12	1,07	1,02	0,98	0,95	0,92	0,89	0,86	0,84	v	
2346	2242	2139	2057	1983	1916	1856	1804	1752	Q	1,68/1,40
1,25	1,19	1,14	1,09	1,05	1,02	0,99	0,96	0,93	v	
2823	2698	2573	2474	2385	2305	2233	2171	2108	Q	1,80/1,50
1,31	1,25	1,19	1,15	1,10	1,07	1,03	1,01	0,98	v	
3944	3770	3595	3458	3333	3220	3121	3033	2946	Q	2,04/1,70
1,42	1,36	1,30	1,25	1,20	1,16	1,12	1,09	1,06	v	
6083	5813	5544	5332	5140	4966	4812	4678	4543	Q	2,40/2,00
1,58	1,51	1,44	1,39	1,34	1,29	1,25	1,22	1,18	v	
7837	7490	7142	6870	6622	6398	6200	6026	5853	Q	2,64/2,20
1,69	1,61	1,54	1,48	1,42	1,38	1,33	1,30	1,26	v	

1:1000	1:1100	1:1200	1:1300	1:1400	1:1500	1:1600	1:1700	1:1800	Gefälle
1,00 ‰	0,91 ‰	0,83 ‰	0,77 ‰	0,71 ‰	0,67 ‰	0,63 ‰	0,59 ‰	0,56 ‰	

Gedrückte Eiprofile

Profil-Breite und Höhe in m	Q in l/sek / v in m/sek	1:1900 0,53 ‰ 0,00053 0,0229	1:2000 0,50 ‰ 0,00050 0,0224	1:2100 0,48 ‰ 0,00048 0,0218	1:2200 0,45 ‰ 0,00045 0,0213	1:2300 0,43 ‰ 0,00043 0,0209	1:2400 0,42 ‰ 0,00042 0,0204	1:2500 0,40 ‰ 0,00040 0,0200	1:2600 0,38 ‰ 0,00038 0,0196	1:2700 0,37 ‰ 0,00037 0,0192

Gedrückte

Breite/Höhe		1:1900	1:2000	1:2100	1:2200	1:2300	1:2400	1:2500	1:2600	1:2700
0,90/0,90	Q / v	371 / 0,61	363 / 0,60	353 / 0,58	345 / 0,57	338 / 0,56	330 / 0,54	324 / 0,53	317 / 0,52	311 / 0,51
1,00/1,00	Q / v	494 / 0,66	483 / 0,64	470 / 0,63	459 / 0,61	450 / 0,60	440 / 0,59	431 / 0,58	422 / 0,56	414 / 0,55
1,10/1,10	Q / v	639 / 0,70	625 / 0,69	608 / 0,67	594 / 0,66	583 / 0,64	569 / 0,63	558 / 0,62	547 / 0,60	535 / 0,59
1,20/1,20	Q / v	808 / 0,75	790 / 0,73	769 / 0,71	752 / 0,70	737 / 0,68	720 / 0,67	706 / 0,65	692 / 0,64	678 / 0,63
1,30/1,30	Q / v	1002 / 0,79	980 / 0,77	954 / 0,75	932 / 0,74	915 / 0,72	893 / 0,71	875 / 0,69	858 / 0,68	840 / 0,66
1,40/1,40	Q / v	1223 / 0,83	1197 / 0,82	1165 / 0,79	1138 / 0,77	1116 / 0,76	1090 / 0,74	1068 / 0,73	1047 / 0,71	1026 / 0,70
1,50/1,50	Q / v	1472 / 0,87	1440 / 0,85	1401 / 0,83	1369 / 0,81	1344 / 0,80	1311 / 0,78	1286 / 0,76	1260 / 0,75	1234 / 0,73
1,60/1,60	Q / v	1750 / 0,91	1712 / 0,89	1666 / 0,87	1628 / 0,85	1598 / 0,83	1559 / 0,81	1529 / 0,80	1498 / 0,78	1468 / 0,77
1,80/1,80	Q / v	2399 / 0,99	2347 / 0,97	2284 / 0,94	2232 / 0,92	2190 / 0,90	2137 / 0,88	2095 / 0,86	2054 / 0,85	2012 / 0,83
2,00/2,00	Q / v	3179 / 1,06	3109 / 1,04	3026 / 1,01	2957 / 0,99	2901 / 0,97	2832 / 0,94	2776 / 0,93	2721 / 0,91	2665 / 0,89

Maul-

Breite/Höhe		1:1900	1:2000	1:2100	1:2200	1:2300	1:2400	1:2500	1:2600	1:2700
1,44/1,20	Q / v	1124 / 0,81	1100 / 0,79	1070 / 0,77	1046 / 0,76	1026 / 0,74	1001 / 0,72	982 / 0,71	962 / 0,70	942 / 0,68
1,68/1,40	Q / v	1700 / 0,90	1663 / 0,88	1619 / 0,86	1582 / 0,84	1552 / 0,82	1515 / 0,80	1485 / 0,79	1455 / 0,77	1426 / 0,76
1,80/1,50	Q / v	2046 / 0,95	2001 / 0,93	1947 / 0,90	1903 / 0,88	1867 / 0,86	1822 / 0,84	1787 / 0,83	1751 / 0,81	1715 / 0,79
2,04/1,70	Q / v	2858 / 1,03	2796 / 1,01	2721 / 0,98	2659 / 0,96	2609 / 0,94	2546 / 0,92	2497 / 0,90	2447 / 0,88	2397 / 0,86
2,40/2,00	Q / v	4408 / 1,15	4312 / 1,12	4196 / 1,09	4100 / 1,07	4023 / 1,05	3927 / 1,02	3850 / 1,00	3773 / 0,98	3696 / 0,96
2,64/2,20	Q / v	5679 / 1,22	5555 / 1,20	5406 / 1,16	5282 / 1,14	5183 / 1,12	5059 / 1,09	4960 / 1,07	4861 / 1,05	4762 / 1,02

Gefälle	1:1900 0,53 ‰	1:2000 0,50 ‰	1:2100 0,48 ‰	1:2200 0,45 ‰	1:2300 0,43 ‰	1:2400 0,42 ‰	1:2500 0,40 ‰	1:2600 0,38 ‰	1:2700 0,37 ‰

und Maulprofile.

1:2800	1:2900	1:3000	1:3500	1:4000	1:4500	1:5000	1:6000	1:10000		Profil-
0,36 °/₀₀	0,34 °/₀₀	0,33 °/₀₀	0,29 °/₀₀	0,25 °/₀₀	0,22 °/₀₀	0,20 °/₀₀	0,17 °/₀₀	0,10 °/₀₀	Q in l/sek	Breite und Höhe in m
0,00036	0,00034	0,00033	0,00029	0,00025	0,00022	0,00020	0,00017	0,00010		
0,0189	0,0186	0,0183	0,0169	0,0158	0,0149	0,0141	0,01292	0,01000	v in m/sek	

Eiprofile.

306 / 0,50	301 / 0,50	296 / 0,49	274 / 0,45	256 / 0,42	241 / 0,40	228 / 0,38	209 / 0,35	162 / 0,27	Q / v	0,90/0,90
407 / 0,54	401 / 0,53	394 / 0,53	364 / 0,49	341 / 0,45	321 / 0,43	304 / 0,41	278 / 0,37	216 / 0,29	Q / v	1,00/1,00
527 / 0,58	519 / 0,57	510 / 0,56	471 / 0,52	441 / 0,49	416 / 0,46	393 / 0,43	360 / 0,40	279 / 0,31	Q / v	1,10/1,10
667 / 0,62	656 / 0,61	646 / 0,60	596 / 0,55	557 / 0,52	526 / 0,49	498 / 0,46	456 / 0,42	353 / 0,33	Q / v	1,20/1,20
827 / 0,65	814 / 0,64	801 / 0,63	740 / 0,58	691 / 0,55	652 / 0,51	617 / 0,49	565 / 0,45	438 / 0,35	Q / v	1,30/1,30
1010 / 0,69	994 / 0,68	978 / 0,67	903 / 0,61	844 / 0,57	796 / 0,54	753 / 0,51	690 / 0,47	534 / 0,36	Q / v	1,40/1,40
1215 / 0,72	1196 / 0,71	1176 / 0,70	1086 / 0,64	1016 / 0,60	958 / 0,57	906 / 0,54	831 / 0,49	643 / 0,38	Q / v	1,50/1,50
1445 / 0,75	1422 / 0,74	1399 / 0,73	1292 / 0,67	1208 / 0,63	1139 / 0,59	1078 / 0,56	988 / 0,51	764 / 0,40	Q / v	1,60/1,60
1980 / 0,82	1949 / 0,80	1917 / 0,79	1771 / 0,73	1655 / 0,68	1561 / 0,64	1477 / 0,61	1354 / 0,56	1048 / 0,43	Q / v	1,80/1,80
2623 / 0,88	2582 / 0,86	2540 / 0,85	2346 / 0,78	2193 / 0,73	2068 / 0,69	1957 / 0,65	1793 / 0,60	1388 / 0,46	Q / v	2,00/2,00

profile.

928 / 0,67	913 / 0,66	898 / 0,65	830 / 0,60	776 / 0,56	731 / 0,53	692 / 0,50	634 / 0,46	491 / 0,35	Q / v	1,44/1,20
1403 / 0,75	1381 / 0,73	1359 / 0,72	1255 / 0,67	1173 / 0,62	1106 / 0,59	1047 / 0,56	959 / 0,51	743 / 0,39	Q / v	1,68/1,40
1688 / 0,78	1661 / 0,77	1635 / 0,76	1510 / 0,70	1411 / 0,65	1331 / 0,62	1260 / 0,58	1154 / 0,53	893 / 0,41	Q / v	1,80/1,50
2359 / 0,85	2322 / 0,84	2284 / 0,82	2110 / 0,76	1972 / 0,71	1860 / 0,67	1760 / 0,63	1613 / 0,58	1248 / 0,45	Q / v	2,04/1,70
3638 / 0,95	3580 / 0,93	3523 / 0,92	3253 / 0,85	3041 / 0,79	2868 / 0,75	2714 / 0,71	2487 / 0,65	1925 / 0,50	Q / v	2,40/2,00
4687 / 1,01	4613 / 0,99	4538 / 0,98	4191 / 0,90	3918 / 0,84	3695 / 0,79	3497 / 0,75	3204 / 0,69	2480 / 0,53	Q / v	2,64/2,20

1:2800	1:2900	1:3000	1:3500	1:4000	1:4500	1:5000	1:6000	1:10000	Gefälle
0,36 °/₀₀	0,34 °/₀₀	0,33 °/₀₀	0,29 °/₀₀	0,25 °/₀₀	0,22 °/₀₀	0,20 °/₀₀	0,17 °/₀₀	0,10 °/₀₀	

Sechster Abschnitt.

Tabellen
für die Bestimmung von dem benetzten Umfang, der wasserführenden Profilfläche und dem hydraulischen Radius für nicht vollaufende Profile bei einem Radius $r = 1,00$ m.
(Bei den Ei- und Maulprofilen ist $r =$ halbe lichte Profilbreite.)

1. Kreisprofil.

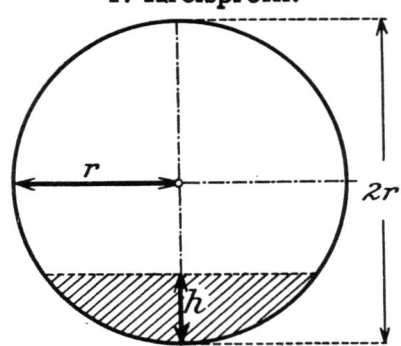

Füllungshöhe h m	Benetzter Umfang U m	Wasserführende Profilfläche F qm	Hydraulischer Radius $R = \dfrac{F}{U}$ m
2,00 r	6,28318 r	3,141592 r^2	0,500000 r
1,95 r	5,64807 r	3,120668 r^2	0,552519 r
1,90 r	5,38111 r	3,082863 r^2	0,572905 r
1,85 r	5,17355 r	3,034548 r^2	0,586550 r
1,80 r	4,99619 r	2,978091 r^2	0,596072 r
1,75 r	4,83771 r	2,914937 r^2	0,602545 r
1,70 r	4,69238 r	2,846094 r^2	0,606535 r
1,60 r	4,42860 r	2,694297 r^2	0,608386 r
1,50 r	4,18878 r	2,527409 r^2	0,603376 r
1,40 r	3,96463 r	2,348924 r^2	0,592470 r
1,30 r	3,75098 r	2,161675 r^2	0,576296 r
1,20 r	3,54431 r	1,968114 r^2	0,555288 r
1,10 r	3,34192 r	1,770459 r^2	0,529773 r
1,00 r	3,14159 r	1,570796 r^2	0,500000 r
0,90 r	2,94126 r	1,371133 r^2	0,466172 r
0,80 r	2,73887 r	1,173478 r^2	0,428453 r
0,70 r	2,53220 r	0,979917 r^2	0,386982 r
0,60 r	2,31855 r	0,792668 r^2	0,341881 r
0,50 r	2,09440 r	0,614183 r^2	0,293250 r
0,40 r	1,85458 r	0,447295 r^2	0,241184 r
0,30 r	1,59080 r	0,295498 r^2	0,185754 r
0,25 r	1,44547 r	0,226655 r^2	0,156804 r
0,20 r	1,28699 r	0,163501 r^2	0,127041 r
0,15 r	1,10963 r	0,107044 r^2	0,096468 r
0,10 r	0,90207 r	0,058729 r^2	0,065105 r
0,05 r	0,63511 r	0,020924 r^2	0,032945 r

2. Normales Eiprofil.

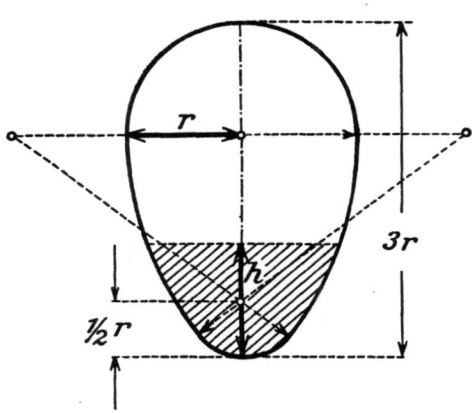

Füllungshöhe h m	Benetzter Umfang U m	Wasserführende Profilfläche F qm	Hydraulischer Radius $R = \dfrac{F}{U}$ m
3,00 r	7,92989 r	4,594101 r^2	0,579340 r
2,95 r	7,29478 r	4,573177 r^2	0,626911 r
2,90 r	7,02782 r	4,535372 r^2	0,645345 r
2,85 r	6,82026 r	4,487057 r^2	0,657901 r
2,80 r	6,64290 r	4,430600 r^2	0,666968 r
2,75 r	6,48442 r	4,367446 r^2	0,673529 r
2,70 r	6,33909 r	4,298603 r^2	0,678110 r
2,60 r	6,07531 r	4,146806 r^2	0,682567 r
2,50 r	5,83549 r	3,979918 r^2	0,682020 r
2,40 r	5,61134 r	3,801433 r^2	0,677455 r
2,30 r	5,39769 r	3,614184 r^2	0,669580 r
2,20 r	5,19102 r	3,420623 r^2	0,658950 r
2,10 r	4,98863 r	3,222968 r^2	0,646063 r
2,00 r	4,78830 r	3,023305 r^2	0,631394 r
1,70 r	4,18734 r	2,426353 r^2	0,579450 r
1,40 r	3,58014 r	1,847452 r^2	0,516028 r
1,10 r	2,96014 r	1,305399 r^2	0,440992 r
0,80 r	2,31918 r	0,820182 r^2	0,353652 r
0,50 r	1,64670 r	0,413777 r^2	0,251276 r
0,35 r	1,29408 r	0,247943 r^2	0,191598 r
0,20 r	0,92729 r	0,111824 r^2	0,120592 r
0,15 r	0,79540 r	0,073875 r^2	0,092878 r
0,10 r	0,64350 r	0,040875 r^2	0,063520 r
0,05 r	0,45104 r	0,014682 r^2	0,032551 r
0,025 r	0,31756 r	0,005231 r^2	0,016472 r

3. Gedrücktes Eiprofil.

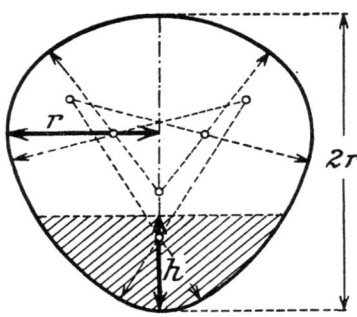

Füllungshöhe h m	Benetzter Umfang U m	Wasserführende Profilfläche F qm	Hydraulischer Radius $R = \dfrac{F}{U}$ m
2,0000 r	6,18690 r	2,997213 r^2	0,484445 r
1,9400 r	5,42477 r	2,967082 r^2	0,546951 r
1,8667 r	5,04476 r	2,898372 r^2	0,574532 r
1,7333 r	4,55702 r	2,722489 r^2	0,597428 r
1,6000 r	4,19584 r	2,504039 r^2	0,596792 r
1,4667 r	3,89144 r	2,260318 r^2	0,580843 r
1,3333 r	3,61260 r	2,001755 r^2	0,554104 r
1,2000 r	3,34429 r	1,736220 r^2	0,519159 r
1,0667 r	3,07599 r	1,470686 r^2	0,478118 r
0,9333 r	2,79898 r	1,211957 r^2	0,433000 r
0,8000 r	2,51300 r	0,965150 r^2	0,384064 r
0,6667 r	2,21531 r	0,734018 r^2	0,331339 r
0,5333 r	1,90131 r	0,522642 r^2	0,274886 r
0,4000 r	1,56433 r	0,335961 r^2	0,214764 r
0,2667 r	1,19336 r	0,179895 r^2	0,150747 r
0,1333 r	0,76818 r	0,062816 r^2	0,081772 r
0,0500 r	0,45104 r	0,014682 r^2	0,032551 r
0,0250 r	0,31756 r	0,005231 r^2	0,016472 r

4. Maulprofil.

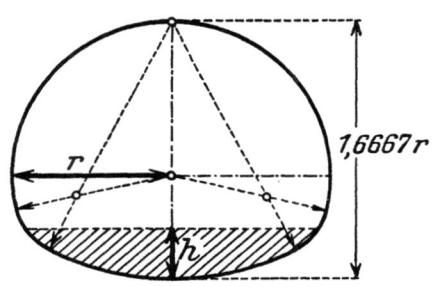

Füllungshöhe h m	Benetzter Umfang U m	Wasserführende Profilfläche F qm	Hydraulischer Radius $R = \dfrac{F}{U}$ m
1,6667 r	5,86860 r	2,667656 r^2	0,454564 r
1,6167 r	5,23349 r	2,646732 r^2	0,505730 r
1,5667 r	4,96653 r	2,608927 r^2	0,525302 r
1,5167 r	4,75897 r	2,560612 r^2	0,538060 r
1,4667 r	4,58161 r	2,504155 r^2	0,546567 r
1,4167 r	4,42313 r	2,441001 r^2	0,551872 r
1,3667 r	4,27780 r	2,372158 r^2	0,554528 r
1,2667 r	4,01402 r	2,220361 r^2	0,553151 r
1,1667 r	3,77420 r	2,053473 r^2	0,544082 r
1,0667 r	3,55005 r	1,874988 r^2	0,528158 r
0,9667 r	3,33640 r	1,687739 r^2	0,505856 r
0,8667 r	3,12973 r	1,494178 r^2	0,477414 r
0,7667 r	2,92734 r	1,296523 r^2	0,442901 r
0,6667 r	2,72701 r	1,096860 r^2	0,402221 r
0,5667 r	2,52668 r	0,897197 r^2	0,355089 r
0,4471 r	2,28421 r	0,661260 r^2	0,289492 r
0,3008 r	1,95865 r	0,383900 r^2	0,196002 r
0,19605 r	1,63309 r	0,204800 r^2	0,125406 r
0,10000 r	1,16059 r	0,074330 r^2	0,064045 r
0,05000 r	0,81850 r	0,025700 r^2	0,031399 r

Siebenter Abschnitt.

Tafeln 1—52.

Tafel 1.

Kreisprofil 0,10 m ⌀. M. 1:1.

$Q_1 = 38,64$ l/sek. $V_1 = 4,92$ m/sek.

$V_1 = 1:50.$
$Q_1 = 1mm = 0,5$ l/sek. (1:5)

F qm	U m	R = F/U	√R	h cm
0,0079	0,3142	0,0250	0,1581	10
0,0077	0,2690	0,0286	0,1693	9,5
0,0074	0,2498	0,0298	0,1726	9
0,0067	0,2214	0,0304	0,1744	8
0,0059	0,1982	0,0296	0,1721	7
0,0049	0,1772	0,0278	0,1666	6
0,0039	0,1571	0,0250	0,1581	5
0,0029	0,1370	0,0214	0,1464	4
0,0020	0,1159	0,0171	0,1307	3
0,0011	0,0927	0,0121	0,1098	2
0,0004	0,0643	0,0064	0,0797	1
0,0001	0,0451	0,0033	0,0570	0,5
—	—	—	—	0

Wild-Schöberlein, Tabellenbuch.

Tafel 2.

Kreisprofil 0,15 m ⌀. M. 1:1,5.

$Q_1 = 121{,}89$ l/sek. $V_1 = 6{,}90$ m/sek.

$V_1 = 1:75$.
$Q_1 = 1\,mm = 2\,l/sek.$ $(1:20)$

F qm	U m.	$R = \dfrac{F}{U}$	$\sqrt{R}$	h cm
0,0177	0,4712	0,0375	0,1937	15
0,0173	0,4035	0,0430	0,2073	14,25
0,0168	0,3747	0,0447	0,2114	13,5
0,0152	0,3321	0,0456	0,2136	12
0,0132	0,2974	0,0444	0,2108	10,5
0,0111	0,2658	0,0416	0,2041	9
0,0088	0,2356	0,0375	0,1937	7,5
0,0066	0,2054	0,0321	0,1793	6
0,0045	0,1739	0,0256	0,1601	4,5
0,0025	0,1391	0,0181	0,1345	3
0,0009	0,0965	0,0095	0,0976	1,5
0,0003	0,0677	0,0049	0,0699	0,75
—	—	—	—	0

Values along curves: 133,71; 133,39; 122,69; 104,69; 83,21; 60,95; 40,08; 22,41; 9,39; 1,96; 0,38
7,71; 7,96; 8,10; 7,92; 7,52; 6,90; 6,07; 5,03; 3,73; 2,13; 1,76

Tafel 3.

Kreisprofil 0,20 m ⌀. M. 1:2.

$Q_1 = 274{,}22$ l/sek. $V_1 = 8{,}72$ m/sek.

$V_1 = 1:100.$ (1:5)
$Q_1 = 1\,mm = 5$ l/sek.

F qm	U m	$R=\dfrac{F}{U}$	$\sqrt{R}$	h cm
0,0314	0,6283	0,0500	0,2236	20
0,0308	0,5381	0,0573	0,2394	19
0,0298	0,4996	0,0596	0,2441	18
0,0269	0,4429	0,0608	0,2467	16
0,0235	0,3965	0,0592	0,2434	14
0,0197	0,3544	0,0555	0,2357	12
0,0157	0,3142	0,0500	0,2236	10
0,0117	0,2739	0,0428	0,2070	8
0,0079	0,2318	0,0342	0,1849	6
0,0045	0,1855	0,0241	0,1553	4
0,0016	0,1287	0,0127	0,1127	2
0,0006	0,0903	0,0065	0,0807	1
—	—	—	—	0

Curve values (Q in l/sek): 299,70; 298,78; 274,73; 234,52; 186,60; 136,92; 90,27; 50,66; 21,35; 4,49; 0,89

Curve values (V in m/sek): 9,72; 10,03; 10,20; 9,98; 9,48; 8,72; 7,69; 6,39; 4,77; 2,75; 1,51

Tafel 4.

Kreisprofil 0,25 m ⌀. M. 1:2,5.

$Q_1 = 511{,}3$ l/sek. $V_1 = 10{,}42$ m/sek.

$V_l = 1:100$.
$Q_1 = 1\,mm = 7{,}5$ l/sek.   (1:7,5)

F qm	U m	$R = \dfrac{F}{U}$	$\sqrt{R}$	h cm
0,0491	0,7855	0,0625	0,2500	25
0,0482	0,6726	0,0716	0,2676	23,75
0,0465	0,6245	0,0745	0,2730	22,5
0,0421	0,5536	0,0760	0,2758	20
0,0367	0,4956	0,0741	0,2721	17,5
0,0308	0,4430	0,0694	0,2635	15
0,0245	0,3927	0,0625	0,2500	12,5
0,0183	0,3424	0,0536	0,2314	10
0,0124	0,2898	0,0427	0,2067	7,5
0,0070	0,2318	0,0301	0,1796	5
0,0026	0,1609	0,0159	0,1260	2,5
0,0009	0,1128	0,0081	0,0902	1,25
—	—	—	—	0

Tafel 5.

Kreisprofil 0,30 m ⌀. M. 1:3.

$Q_1 = 849{,}8$ l/sek. $V_1 = 12{,}02$ m/sek.

$V_1 = 1:150$
$Q_1 = 1\,mm = 15$ l/sek. (1:75)

$\dfrac{F}{qm}$	$\dfrac{U}{m}$	$R = \dfrac{F}{U}$	$\sqrt{R}$	$\dfrac{h}{cm}$
0,0707	0,9425	0,0750	0,2739	30
0,0694	0,8071	0,0859	0,2932	28,5
0,0670	0,7494	0,0894	0,2990	27
0,0606	0,6643	0,0913	0,3021	24
0,0529	0,5947	0,0889	0,2981	21
0,0443	0,5316	0,0833	0,2886	18
0,0353	0,4712	0,0750	0,2739	15
0,0264	0,4109	0,0643	0,2535	12
0,0178	0,3478	0,0513	0,2265	9
0,0101	0,2782	0,0362	0,1902	6
0,0037	0,1930	0,0191	0,1380	3
0,0013	0,1354	0,0098	0,0988	1,5
—	—	—	—	0

Tafel 6.

Kreisprofil 0,35 m ⌀. M. 1:4.

$Q_1 = 1{,}304\ cbm/sek.\ V_1 = 13{,}55\ m/sek.$

$V_1 = 1:150$
$Q_1 = 1\,mm = 0{,}015\ cbm/sek.\ (1:15)$

$\frac{F}{qm}$	$\frac{U}{m}$	$R=\frac{F}{U}$	$\sqrt{R}$	$\frac{h}{cm}$
0,0962	1,0996	0,0875	0,2958	35
0,0944	0,9416	0,1003	0,3167	33,25
0,0912	0,8744	0,1043	0,3230	31,5
0,0825	0,7750	0,1065	0,3263	28
0,0719	0,6938	0,1037	0,3220	24,5
0,0603	0,6202	0,0972	0,3117	21
0,0481	0,5498	0,0875	0,2958	17,5
0,0359	0,4793	0,0750	0,2738	14
0,0243	0,4057	0,0598	0,2446	10,5
0,0137	0,3246	0,0422	0,2054	7
0,0050	0,2252	0,0222	0,1491	3,5
0,0018	0,1580	0,0114	0,1067	1,75
—	—	—	—	0

Kreisprofil 0,40 m Ø. M. 1:4.

F qm	U m	$R = \frac{F}{U}$	$\sqrt{R}$	h cm
0,1257	1,2566	0,1000	0,3162	40
0,1233	1,0761	0,1146	0,3385	38
0,1191	0,9993	0,1192	0,3453	36
0,1078	0,8857	0,1217	0,3488	32
0,0940	0,7930	0,1185	0,3442	28
0,0787	0,7088	0,1111	0,3333	24
0,0628	0,6283	0,1000	0,3162	20
0,0469	0,5478	0,0857	0,2927	16
0,0317	0,4637	0,0684	0,2615	12
0,0179	0,3709	0,0482	0,2196	8
0,0065	0,2574	0,0254	0,1594	4
0,0024	0,1805	0,0130	0,1141	2
—	—	—	—	0

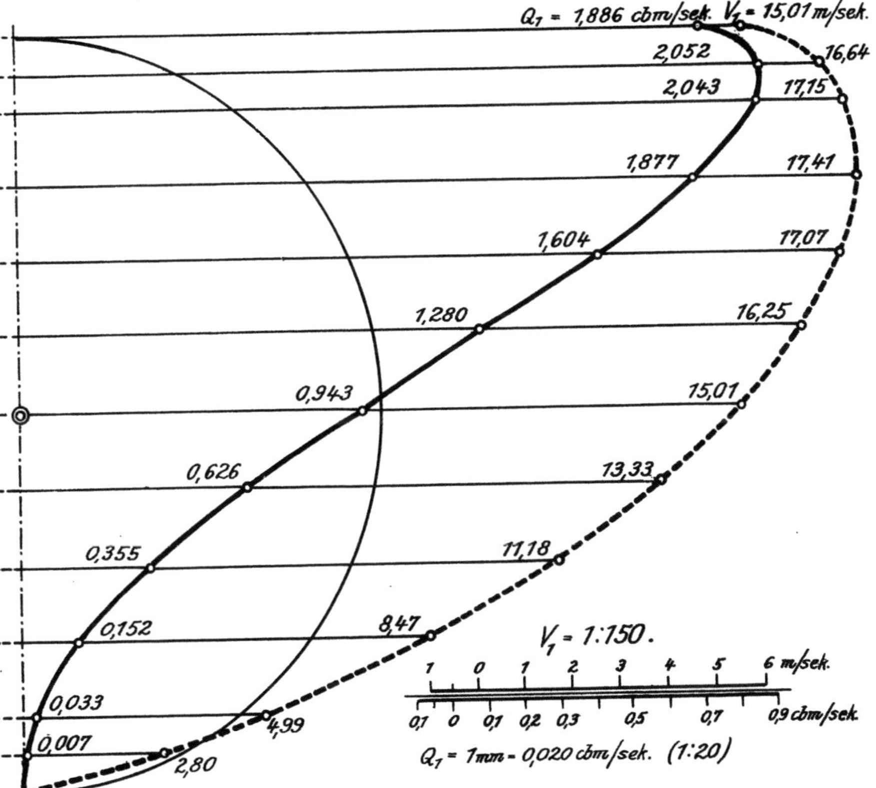
Q1 = 1,886 cbm/sek. V1 = 15,01 m/sek.
2,052
16,64
2,043
17,15
1,877
17,41
1,604
17,07
1,280
16,25
0,943
15,01
0,626
13,33
0,355
11,18
0,152
8,47
0,033
4,99
0,007
2,80
V1 = 1:150.
1 0 1 2 3 4 5 6 m/sek.
0,1 0 0,1 0,2 0,3 0,5 0,7 0,9 cbm/sek.
Q1 = 1mm - 0,020 cbm/sek. (1:20)

Tafel 8.

Kreisprofil 0,45 m ⌀. M. 1:5.

$V_1 = 1:200$. $V_1 = 16{,}41$ m/sek.
$Q_1 = 1$ mm $= 0{,}040$ cbm/sek. (1:40)
$Q_1 = 2{,}610$ cbm/sek.

F qm	U m	$R = \dfrac{F}{U}$	$\sqrt{R}$	h cm
0,1590	1,4137	0,1125	0,3354	45
0,1561	1,2106	0,1289	0,3591	42,75
0,1508	1,1242	0,1341	0,3662	40,5
0,1364	0,9964	0,1369	0,3700	36
0,1189	0,8921	0,1333	0,3651	31,5
0,0996	0,7974	0,1249	0,3535	27
0,0795	0,7069	0,1125	0,3354	22,5
0,0594	0,6163	0,0964	0,3105	18
0,0401	0,5216	0,0769	0,2774	13,5
0,0226	0,4173	0,0543	0,2330	9
0,0083	0,2896	0,0286	0,1691	4,5
0,0030	0,2031	0,0146	0,1210	2,25
—	—	—	—	0

Tafel 9.

Kreisprofil 0,50 m ⌀. M. 1:5.

$Q_1 = 3{,}489$ cbm/sek. $V_1 = 17{,}77$ m/sek.

$V_1 = 1:200$.
$V_1 = 1\,mm = 0{,}040$ cbm/sek. (1:40)

Values on curves (dashed, upper): 17,77 — 19,66 — 20,25 — 20,55 — 20,16 — 19,21 — 17,77 — 15,82 — 13,31 — 10,12 — 6,01 — 3,41

Values on curves (solid): 3,789 — 3,768 — 3,461 — 2,959 — 2,363 — 1,744 — 1,160 — 0,659 — 0,283 — 0,061 — 0,013

F qm	U m	$R = \dfrac{F}{U}$	$\sqrt{R}$	h cm
0,1963	1,5708	0,1250	0,3536	50
0,1927	1,3451	0,1432	0,3785	47,5
0,1861	1,2491	0,1490	0,3860	45
0,1684	1,1071	0,1521	0,3900	40
0,1468	0,9912	0,1481	0,3849	35
0,1230	0,8860	0,1388	0,3726	30
0,0982	0,7854	0,1250	0,3536	25
0,0733	0,6848	0,1071	0,3273	20
0,0495	0,5796	0,0855	0,2924	15
0,0280	0,4636	0,0603	0,2456	10
0,0102	0,3217	0,0318	0,1782	5
0,0037	0,2257	0,0163	0,1276	2,5
—	—	—	—	0

Wild-Schöberlein, Tabellenbuch.

Tafel 10.

Kreisprofil 0,55 m ⌀.   M. 1:5.
$Q_1 = 4{,}532$ cbm/sek. $V_1 = 19{,}08$ m/sek.

$\frac{F}{qm}$	$\frac{U}{m}$	$R=\frac{F}{U}$	$\sqrt{R}$	h cm
0,2376	1,7279	0,1375	0,3708	55
0,2331	1,4797	0,1576	0,3969	52,25
0,2252	1,3740	0,1639	0,4049	49,5
0,2038	1,2179	0,1673	0,4090	44
0,1776	1,0903	0,1629	0,4036	38,5
0,1488	0,9746	0,1527	0,3908	33
0,1188	0,8639	0,1375	0,3708	27,5
0,0887	0,7532	0,1178	0,3433	22
0,0599	0,6376	0,0940	0,3066	16,5
0,0338	0,5100	0,0663	0,2575	11
0,0124	0,3539	0,0349	0,1869	5,5
0,0044	0,2482	0,0179	0,1338	2,75
—	—	—	—	0

Tafel 11.

Kreisprofil 0,60 m ⌀. M. 1:7,5.

$V_1 = 1:200$.
$Q_1 = 1 mm = 0,075 \, cbm/sek.$ (1:75)

F qm	U m	$R=\frac{F}{U}$	$\sqrt{R}$	h cm
0,2827	1,8850	0,1500	0,3873	60
0,2775	1,6142	0,1719	0,4146	57
0,2680	1,4989	0,1788	0,4229	54
0,2425	1,3286	0,1825	0,4272	48
0,2114	1,1894	0,1777	0,4216	42
0,1771	1,0633	0,1666	0,4082	36
0,1414	0,9425	0,1500	0,3873	30
0,1056	0,8217	0,1285	0,3585	24
0,0713	0,6955	0,1026	0,3203	18
0,0403	0,5564	0,0724	0,2690	12
0,0147	0,3861	0,0381	0,1952	6
0,0053	0,2708	0,0195	0,1397	3
—	—	—	—	0

$Q_1 = 57,52 \, cbm/sek.$ $V_1 = 20,34 \, m/sek.$

Velocity curve values: 22,48; 23,14; 23,48; 23,04; 21,97; 20,34; 18,14; 15,30; 11,69; 6,99; 3,99

Discharge curve values: 6,238; 6,201; 5,694; 4,870; 3,892; 2,876; 1,916; 1,092; 0,471; 0,103; 0,021

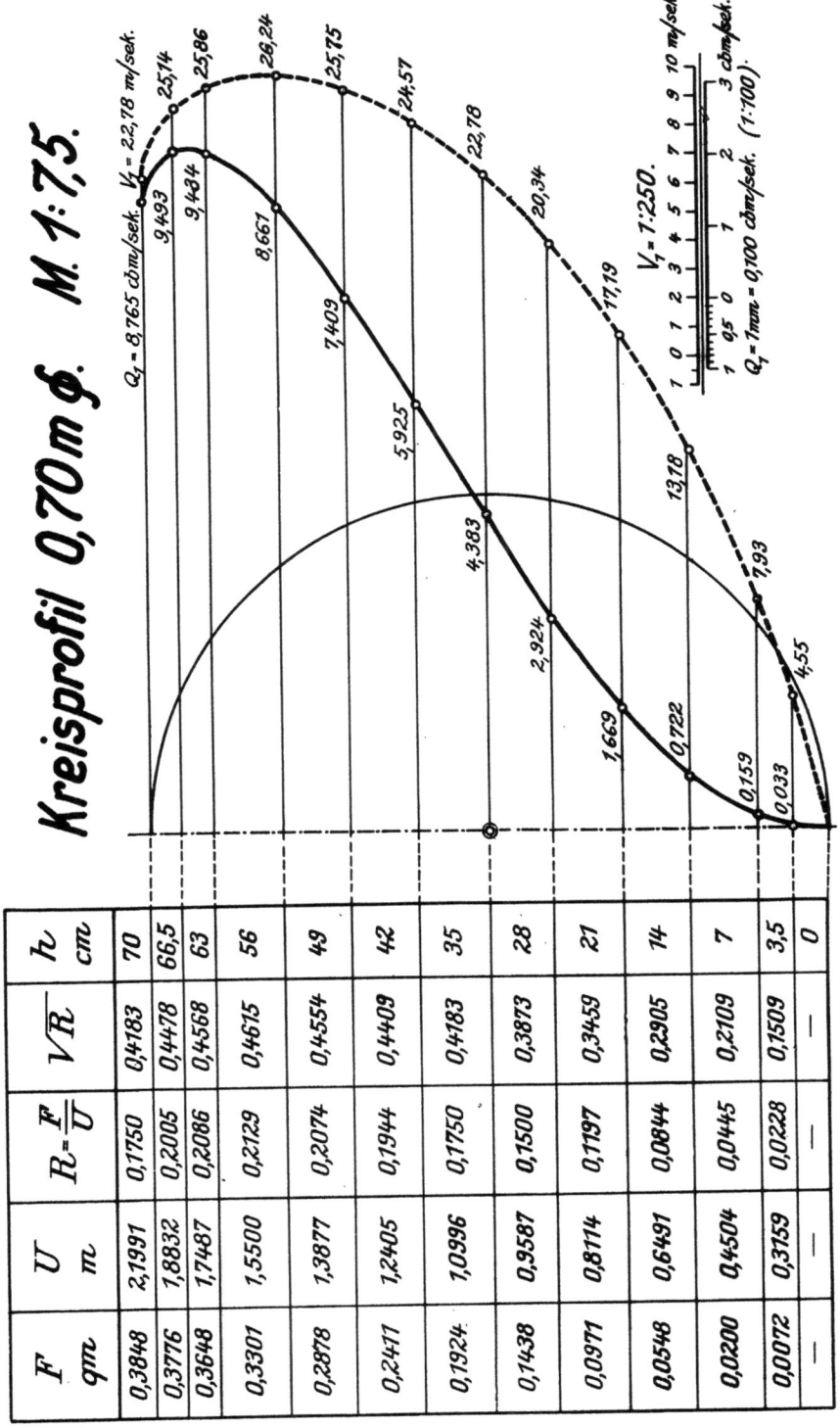

Tafel 12.

Tafel 13.

Kreisprofil 0,80 m ⌀. M. 1:75.

$Q_T = 12{,}610$ cbm/sek. $V_T = 25{,}09$ m/sek.

$V_T = 1:250$.
$Q_T = 1\,mm = 0{,}150$ cbm/sek. (1:150)

F qm	U m	$R = \dfrac{F}{U}$	$\sqrt{R}$	h cm
0,5027	2,5133	0,2000	0,4472	80
0,4933	2,1522	0,2292	0,4787	76
0,4765	1,9985	0,2384	0,4883	72
0,4311	1,7714	0,2434	0,4933	64
0,3758	1,5859	0,2370	0,4868	56
0,3149	1,4177	0,2221	0,4713	48
0,2513	1,2566	0,2000	0,4472	40
0,1878	1,0956	0,1714	0,4140	32
0,1268	0,9273	0,1367	0,3698	24
0,0716	0,7418	0,0965	0,3106	16
0,0262	0,5148	0,0508	0,2254	8
0,0094	0,3611	0,0260	0,1613	4
—	—	—	—	0

Tafel 14.

Kreisprofil 0,90 m ⌀. M. 1:10.

$Q_1 = 17{,}364$ cbm/sek. $V_1 = 27{,}29$ m/sek.

$V_1 = 1{:}300$.

$Q_1 = 1\text{mm} = 0{,}200$ cbm/sek. (1:200)

F qm	U m	$R = \dfrac{F}{U}$	$\sqrt{R}$	h cm
0,6362	2,8274	0,2250	0,4743	90
0,6243	2,4212	0,2578	0,5078	85,5
0,6031	2,2483	0,2682	0,5179	81
0,5456	1,9929	0,2738	0,5232	72
0,4757	1,7842	0,2666	0,5163	63
0,3985	1,5949	0,2499	0,4999	54
0,3181	1,4137	0,2250	0,4743	45
0,2376	1,2326	0,1928	0,4391	36
0,1605	1,0433	0,1538	0,3922	27
0,0906	0,8346	0,1085	0,3294	18
0,0331	0,5791	0,0572	0,2391	9
0,0119	0,4062	0,0293	0,1711	4,5
—	—	—	—	0

Tafel 15.

Kreisprofil 1,00 m ⌀. M. 1:10.

$Q_1 = 23{,}100\ \text{cbm/sek}.\ V_1 = 29{,}41\ \text{m/sek}.$

$V_1 = 1:300.$
$Q_1 = 1\ \text{mm} = 0{,}250\ \text{cbm/sek}.\ (1:250)$

F qm	U m.	$R\dfrac{F}{U}$	$\sqrt{R}$	h cm
0,7854	3,1416	0,2500	0,5000	100
0,7707	2,6903	0,2865	0,5352	95
0,7445	2,4981	0,2980	0,5459	90
0,6736	2,2143	0,3042	0,5515	80
0,5873	1,9824	0,2962	0,5443	70
0,4920	1,7721	0,2776	0,5269	60
0,3927	1,5708	0,2500	0,5000	50
0,2934	1,3695	0,2142	0,4629	40
0,1981	1,1592	0,1709	0,4135	30
0,1118	0,9273	0,1206	0,3473	20
0,0409	0,6434	0,0635	0,2520	10
0,0147	0,4513	0,0325	0,1804	5
—	—	—	—	0

Tafel 16.

Kreisprofil 1,20 m ⌀. M. 1:15.

$Q_1 = 37{,}795$ cbm/sek. $V_1 = 33{,}42$ m/sek.

$V_1 = 1{:}333\dot{3}\%$.

$Q_1 : 1 mm = 0{,}400$ cbm/sek. (1:400)

F qm	U m	$R = \dfrac{F}{U}$	$\sqrt{R}$	h cm
1,1310	3,7699	0,3000	0,5477	120
1,1098	3,2283	0,3438	0,5863	114
1,0721	2,9978	0,3576	0,5980	108
0,9699	2,6572	0,3650	0,6042	96
0,8456	2,3789	0,3555	0,5962	84
0,7085	2,1265	0,3332	0,5772	72
0,5655	1,8850	0,3000	0,5477	60
0,4225	1,6434	0,2571	0,5070	48
0,2853	1,3910	0,2051	0,4529	36
0,1610	1,1128	0,1447	0,3804	24
0,0589	0,7721	0,0762	0,2761	12
0,0211	0,5416	0,0390	0,1976	6
—	—	—	—	0

Tafel 17.

Kreisprofil 1,50 m ⌀. M 1:15.

$Q_1 = 68,859$ cbm/sek. $V_1 = 38,97$ m/sek.

$V_1 = 1:400.$
$Q_1 = 1$ mm $= 0,750$ cbm/sek. $(1:750)$

F qm	U m	$R = \dfrac{F}{U}$	$\sqrt{R}$	h cm
1,7671	4,7124	0,3750	0,6124	150
1,7341	4,0354	0,4297	0,6556	142,5
1,6752	3,7472	0,4470	0,6687	135
1,5155	3,3214	0,4563	0,6755	120
1,3213	2,9736	0,4443	0,6666	105
1,1070	2,6581	0,4165	0,6453	90
0,8836	2,3562	0,3750	0,6124	75
0,6601	2,0543	0,3213	0,5669	60
0,4458	1,7388	0,2564	0,5064	45
0,2516	1,3909	0,1809	0,4253	30
0,0920	0,9652	0,0953	0,3087	15
0,0330	0,6770	0,0488	0,2209	7,5
—	—	—	—	0

Curve values: 42,73; 44,06; 43,89; 44,49; 43,71; 41,84; 38,97; 35,05; 29,94; 23,33; 14,46; 8,55

74,106; 73,516; 67,434; 57,753; 46,320; 34,430; 23,136; 13,349; 5,870; 1,330; 0,282

Wild-Schöberlein, Tabellenbuch.

Kreisprofil 2,00 m ⌀. M. 1:20.

Tafel 18.

$Q_1 = 148{,}594$ cbm/sek. $V_1 = 47{,}30$ m/sek.

$V_1 = 1:500$.

$Q_1 = 1$ mm $= 2{,}00$ cbm/sek. (1:20)

F qm	U m	$R = \frac{F}{U}$	$\sqrt{R}$	h cm
3,1416	6,2832	0,5000	0,7071	200
3,0829	5,3811	0,5729	0,7569	190
2,9781	4,9962	0,5961	0,7721	180
2,6943	4,4286	0,6084	0,7800	160
2,3489	3,9646	0,5925	0,7697	140
1,9681	3,5443	0,5553	0,7452	120
1,5708	3,1416	0,5000	0,7071	100
1,1735	2,7389	0,4285	0,6546	80
0,7927	2,3186	0,3419	0,5847	60
0,4473	1,8546	0,2412	0,4911	40
0,1635	1,2870	0,1270	0,3564	20
0,0587	0,9021	0,0651	0,2552	10
—	—	—	—	0

Tafel 19.

Eiprofil 0,60/0,90 m. M. 1:10.

$Q_1 = 9{,}370$ cbm/sek. $V_1 = 22{,}66$ m/sek.

$r = 0{,}30$ m
$R = 0{,}90$ m

$V_1 = 1{:}250$
$Q_1 = 1$ mm $= 0{,}150$ cbm/sek.   (1:150)

F qm	U m	$R = \frac{F}{U}$	$\sqrt{R}$	h cm
0,4135	2,3790	0,1738	0,4169	90
0,4082	2,1082	0,1936	0,4400	87
0,3988	1,9929	0,2001	0,4473	84
0,3732	1,8226	0,2048	0,4525	78
0,3421	1,6835	0,2032	0,4508	72
0,3079	1,5573	0,1977	0,4446	66
0,2721	1,4365	0,1894	0,4352	60
0,2184	1,2562	0,1738	0,4169	51
0,1663	1,0740	0,1548	0,3935	42
0,1175	0,8880	0,1323	0,3637	33
0,0738	0,6958	0,1061	0,3257	24
0,0372	0,4940	0,0754	0,2746	15
0,0223	0,3882	0,0575	0,2398	10,5
0,0101	0,2782	0,0362	0,1902	6
0,0037	0,1930	0,0191	0,1380	3
—	—	—	—	0

Tafel 20.

Überhöhtes Eiprofil 0,60/1,10 m. M. 1:10.
$Q_1 = 12,385$ cbm/sek. $V_1 = 24,03$ m/sek.

$V_1 = 1:300.$
$Q_1 = 1 mm = 0,200$ cbm/sek. (1:200)

F qm	U m	$R = \dfrac{F}{U}$	$\sqrt{R}$	h cm
0,5154	2,7351	0,1884	0,4341	110
0,4987	2,3516	0,2121	0,4605	103
0,4641	2,1471	0,2161	0,4649	94,6
0,4162	1,9432	0,2142	0,4628	85
0,3723	1,7785	0,2093	0,4575	77
0,3258	1,6168	0,2015	0,4489	69
0,2721	1,4365	0,1894	0,4352	60
0,2184	1,2562	0,1738	0,4169	51
0,1663	1,0740	0,1548	0,3935	42
0,1175	0,8880	0,1323	0,3637	33
0,0738	0,6958	0,1061	0,3257	24
0,0372	0,4940	0,0754	0,2746	15
0,0223	0,3882	0,0575	0,2398	10,5
0,0101	0,2782	0,0362	0,1902	6
0,0037	0,1930	0,0191	0,1380	3
—	—	—	—	0

Tafel 21.

Eiprofil 0,70/1,05 m. M. 1:10.

$Q_1 = 14{,}2614 \text{ cbm/sek.} \quad V_1 = 25{,}33 \text{ m/sek.}$

$V_1 = 1 : 250.$
$Q_1 = 1\,mm = 0{,}150 \text{ cbm/sek. } (1 : 150)$

$r = 0{,}35\,m$
$R = 1{,}05\,m$

F qm	U m	$R = \dfrac{F}{U}$	$\sqrt{R}$	h cm
0,5628	2,7755	0,2028	0,4503	105
0,5556	2,4595	0,2259	0,4753	101,5
0,5428	2,3250	0,2334	0,4832	98
0,5080	2,1264	0,2389	0,4888	91
0,4657	1,9640	0,2371	0,4869	84
0,4190	1,8168	0,2306	0,4802	77
0,3704	1,6759	0,2210	0,4701	70
0,2972	1,4656	0,2028	0,4503	59,5
0,2263	1,2530	0,1806	0,4250	49
0,1599	1,0360	0,1543	0,3929	38,5
0,1005	0,8117	0,1238	0,3518	28
0,0507	0,5763	0,0879	0,2966	17,5
0,0304	0,4529	0,0671	0,2590	12,25
0,0137	0,3246	0,0422	0,2054	7
0,0050	0,2252	0,0222	0,1491	3,5
—	—	—	—	0

Tafel 22.

Überhöhtes Eiprofil 0,70/1,20 m. M.1:15.

F qm	U m	$R = \frac{F}{U}$	$\sqrt{R}$	h cm
0,6593	3,0559	0,2157	0,4645	120
0,6529	2,7580	0,2367	0,4865	116,7
0,6415	2,6312	0,2438	0,4938	113,4
0,6105	2,4439	0,2498	0,4998	106,8
0,5729	2,2908	0,2501	0,5001	100,2
0,5391	2,1765	0,2477	0,4977	94,8
0,4878	2,0174	0,2418	0,4917	87
0,4297	1,8477	0,2325	0,4822	78,5
0,3704	1,6759	0,2210	0,4701	70
0,2972	1,4656	0,2028	0,4503	59,5
0,2263	1,2530	0,1806	0,4250	49
0,1599	1,0360	0,1543	0,3929	38,5
0,1005	0,8117	0,1238	0,3518	28
0,0507	0,5763	0,0879	0,2966	17,5
0,0304	0,4529	0,0671	0,2590	12,25
0,0137	0,3246	0,0422	0,2054	7
0,0050	0,2252	0,0222	0,1491	3,5

Tafel 23.

Eiprofil 0,80/1,20 m. M. 1:15.

$Q_1 = 20{,}487\,cbm/sek.\ V_1 = 27{,}87\,m/sek.$

$V_1 = 1:333\tfrac{1}{3}.$
$Q_1 = 1mm = 0{,}250\,cbm/sek.\ (1:250)$

F qm	U m	$R=\dfrac{F}{U}$	$\sqrt{R}$	h cm
0,7351	3,1720	0,2317	0,4814	120
0,7257	2,8109	0,2582	0,5081	116
0,7089	2,6572	0,2668	0,5165	112
0,6635	2,4301	0,2730	0,5225	104
0,6082	2,2446	0,2710	0,5206	96
0,5473	2,0764	0,2636	0,5134	88
0,4837	1,9153	0,2526	0,5026	80
0,3882	1,6749	0,2318	0,4814	68
0,2956	1,4321	0,2064	0,4543	56
0,2089	1,1841	0,1764	0,4200	44
0,1312	0,9277	0,1415	0,3761	32
0,0662	0,6587	0,1005	0,3170	20
0,0397	0,5176	0,0766	0,2768	14
0,0179	0,3709	0,0482	0,2196	8
0,0065	0,2574	0,0254	0,1594	4
—	—	—	—	0

Tafel 24.

Überhöhtes Eiprofil 0,80/1,40 m. M.1:15.

F qm	U m	$R=\dfrac{F}{U}$	$\sqrt{R}$	h cm
0,8788	3,5402	0,2482	0,4982	140
0,8708	3,2090	0,2714	0,5209	136,3
0,8567	3,0679	0,2793	0,5285	132,6
0,8185	2,8596	0,2862	0,5350	125,3
0,7417	2,5964	0,2857	0,5345	113,6
0,6666	2,3843	0,2796	0,5288	103,3
0,5769	2,1497	0,2684	0,5180	91,7
0,4837	1,9153	0,2526	0,5026	80
0,3882	1,6749	0,2318	0,4814	68
0,2956	1,4321	0,2064	0,4543	56
0,2089	1,1841	0,1764	0,4200	44
0,1312	0,9277	0,1415	0,3761	32
0,0662	0,6587	0,1005	0,3170	20
0,0397	0,5176	0,0766	0,2768	14
0,0179	0,3709	0,0482	0,2196	8
0,0065	0,2574	0,0254	0,1594	4
—	—	—	—	0

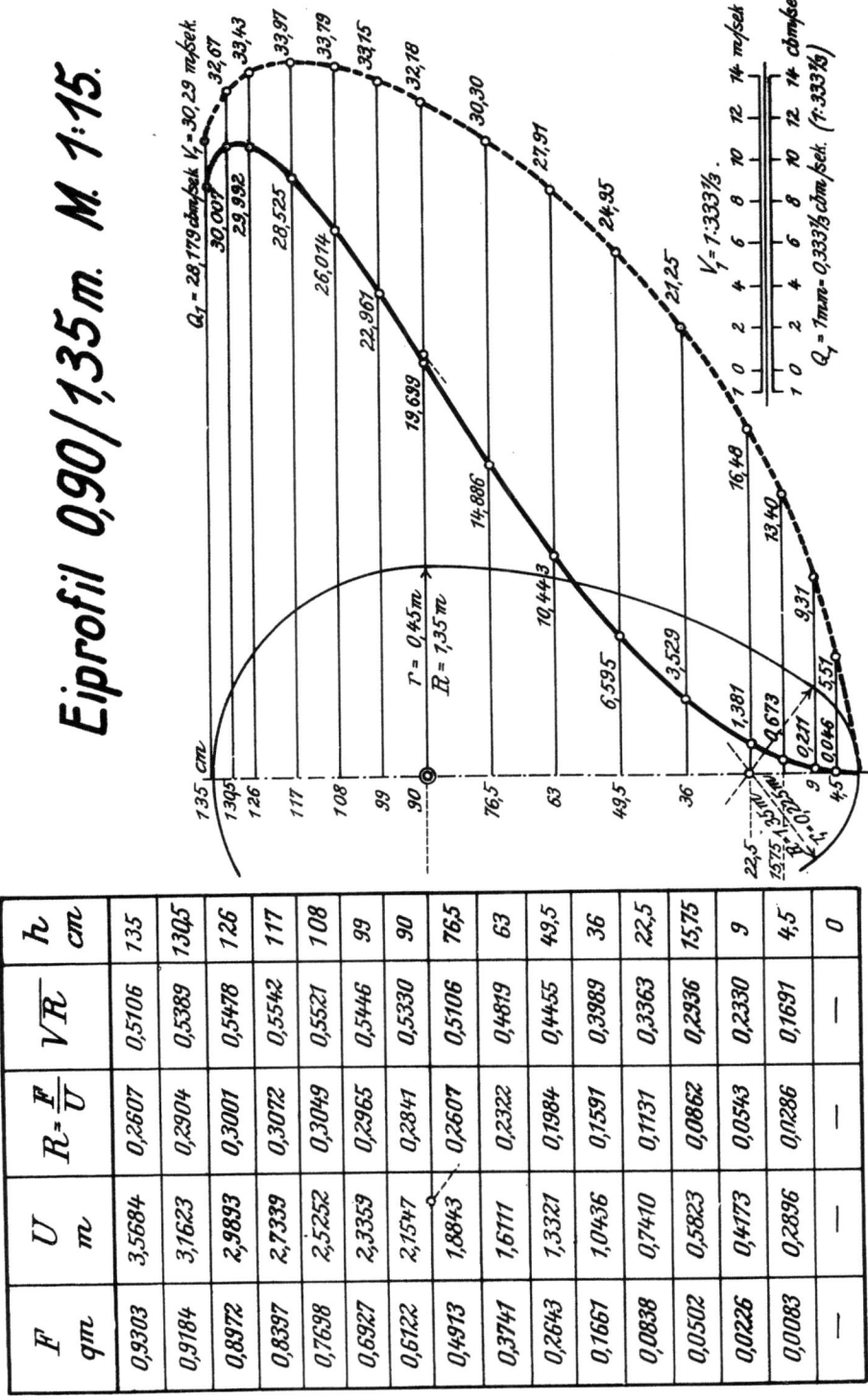

Tafel 25.

Wild-Schöberlein, Tabellenbuch

Tafel 26.

Eiprofil 1,00 / 1,50 m M. 1:15.

F qm	U m	$R=\dfrac{F}{U}$	$\sqrt{R}$	h cm
1,1485	3,9649	0,2897	0,5382	150
1,1338	3,5136	0,3227	0,5681	145
1,1077	3,3215	0,3335	0,5775	140
1,0367	3,0376	0,3413	0,5842	130
0,9504	2,8058	0,3387	0,5820	120
0,8551	2,5954	0,3295	0,5740	110
0,7558	2,3941	0,3157	0,5619	100
0,6066	2,0937	0,2897	0,5382	85
0,4619	1,7901	0,2580	0,5080	70
0,3264	1,4801	0,2205	0,4696	55
0,2050	1,1596	0,1768	0,4205	40
0,1034	0,8233	0,1256	0,3545	25
0,0620	0,6470	0,0958	0,3095	17,5
0,0280	0,4636	0,0603	0,2456	10
0,0102	0,3217	0,0318	0,1782	5
—	—	—	—	0

$Q_1 = 37{,}464$ cbm/sek. $V_1 = 32{,}62$ m/sek.

$r = 0{,}50$ m
$R = 1{,}50$ m

$V_1 = 1 : 333\tfrac{1}{3}$
$Q_1 = 1\,\text{mm} = 0{,}400$ cbm/sek. (1 : 400)

Tafel 27.

Überhöhtes Eiprofil 1,00/1,75 m. M. 1:20.

$Q_1 = 46,976$ cbm/sek. $V_1 = 34,21$ m/sek.

$V_1 = 1:400$
$Q_1 = 1$ mm $= 0,750$ cbm/sek. (1:750)

F qm	U m	$R = \frac{F}{U}$	$\sqrt{R}$	h cm
				175
1,3731	4,4253	0,3103	0,5570	170,4
1,3607	4,0119	0,3392	0,5824	165,8
1,3388	3,8359	0,3490	0,5908	156,7
1,2792	3,5759	0,3577	0,5981	142
1,1592	3,2455	0,3572	0,5976	129,2
1,0423	2,9819	0,3495	0,5912	114,6
0,9011	2,6866	0,3354	0,5792	100
0,7558	2,3941	0,3157	0,5619	85
0,6066	2,0937	0,2897	0,5383	70
0,4619	1,7901	0,2580	0,5080	55
0,3264	1,4801	0,2205	0,4696	40
0,2050	1,1596	0,1768	0,4205	25
0,1034	0,8233	0,1256	0,3545	17,5
0,0620	0,6470	0,0958	0,3095	10
0,0280	0,4636	0,0603	0,2456	5
0,0102	0,3217	0,0318	0,1782	0
—	—	—	—	—

Tafel 28.

Eiprofil 1,10/1,65 m. M. 1:15.
$Q_1 = 4.817$ cbm/sek. $V_1 = 3{,}494$ m/sek.

$V_1 = 1:400$.
$Q_1 = 1$ mm $= 0{,}750$ cbm/sek. (1:750)

$\frac{F}{qm}$	$\frac{U}{m}$	$R = \frac{F}{U}$	$\sqrt{R}$	h cm
1,3897	4,3674	0,3186	0,5645	165
1,3719	3,8650	0,3550	0,5958	159,5
1,3403	3,6536	0,3668	0,6057	154
1,2544	3,3414	0,3754	0,6127	143
1,1500	3,0863	0,3726	0,6104	132
1,0347	2,8550	0,3624	0,6020	121
0,9146	2,6336	0,3473	0,5893	110
0,7340	2,3030	0,3186	0,5645	93,5
0,5589	1,9691	0,2838	0,5327	77
0,3949	1,6281	0,2425	0,4925	60,5
0,2481	1,2755	0,1945	0,4410	44
0,1252	0,9057	0,1382	0,3718	27,5
0,0750	0,7117	0,1054	0,3246	19,25
0,0338	0,5100	0,0663	0,2575	11
0,0124	0,3539	0,0349	0,1869	5,5
—	—	—	—	0

Tafel 29.

Eiprofil 1,20/1,80 m M. 1:20.

F qm	U m.	$R=\dfrac{F}{U}$	$\sqrt{R}$	h cm
1,6539	4,7579	0,3476	0,5896	180
1,6327	4,2164	0,3872	0,6223	174
1,5950	3,9858	0,4002	0,6326	168
1,4928	3,6452	0,4095	0,6400	156
1,3685	3,3669	0,4065	0,6376	144
1,2314	3,1145	0,3954	0,6288	132
1,0884	2,8730	0,3788	0,6155	120
0,8735	2,5124	0,3476	0,5896	102
0,6651	2,1481	0,3096	0,5564	84
0,4699	1,7761	0,2646	0,5144	66
0,2953	1,3915	0,2122	0,4606	48
0,1490	0,9880	0,1508	0,3883	30
0,0893	0,7764	0,1150	0,3391	21
0,0403	0,5564	0,0724	0,2690	12
0,0147	0,3861	0,0381	0,1952	6
—	—	—	—	0

Tafel 30.

Eiprofil 1,30 / 1,95 m.   M. 1:20.

$Q_1 = 75{,}854\,cbm/sek.$ $V_1 = 3{,}908\,m/sek.$

$r = 0{,}65\,m$
$R = 1{,}95\,m$

$\frac{V_1}{V} = 1:400.$
$Q_1 = 1\,mm = 1{,}000\,cbm/sek.\ (1:1000)$

F qm	U m	$R = \frac{F}{U}$	$\sqrt{R}$	h cm
1,9410	5,1544	0,3766	0,6137	195
1,9162	4,5677	0,4195	0,6477	188,5
1,8719	4,3179	0,4335	0,6584	182
1,7520	3,9469	0,4437	0,6661	169
1,6061	3,6475	0,4403	0,6636	156
1,4452	3,3741	0,4283	0,6545	143
1,2773	3,1134	0,4104	0,6406	130
1,0251	2,7218	0,3766	0,6137	110,5
0,7805	2,3271	0,3354	0,5792	91
0,5515	1,9241	0,2866	0,5354	71,5
0,3465	1,5075	0,2299	0,4795	52
0,1748	1,0704	0,1633	0,4041	32,5
0,1048	0,8411	0,1245	0,3529	22,75
0,0472	0,6027	0,0784	0,2800	13
0,0173	0,4182	0,0413	0,2032	6,5
—	—	—	—	0

Tafel 31.

Eiprofil 1,40/2,10 m. M. 1:20.

$Q_1 = 92{,}498\ cbm/sek.\ V_1 = 4{,}109\ m/sek.$

$V_1 = 1:400$

$Q_1 = 1\,mm = 1{,}000\ cbm/sek.\ (1:1000)$

$r = 0{,}70\ m$
$R = 2{,}10\ m$

F qm	U m	$R = \dfrac{F}{U}$	$\sqrt{R}$	h cm
2,2511	5,5509	0,4055	0,6368	210
2,2223	4,9191	0,4518	0,6721	203
2,1710	4,6501	0,4669	0,6833	196
2,0319	4,2527	0,4778	0,6912	182
1,8627	3,9281	0,4742	0,6886	168
1,6761	3,6336	0,4613	0,6792	154
1,4814	3,3518	0,4420	0,6648	140
1,1889	2,9311	0,4055	0,6368	119
0,9053	2,5061	0,3612	0,6010	98
0,6396	2,0721	0,3087	0,5556	77
0,4019	1,6234	0,2476	0,4976	56
0,2028	1,1527	0,1759	0,4194	35
0,1215	0,9059	0,1341	0,3662	24,5
0,0548	0,6491	0,0844	0,2905	14
0,0200	0,4504	0,0445	0,2109	7
—	—	—	—	0

Tafel 32.

Eiprofil 1,50/2,25 m. M. 1:25.

F qm	U m	$R=\dfrac{F}{U}$	$\sqrt{R}$	h cm
2,5842	5,9474	0,4345	0,6592	2,25
2,5511	5,2704	0,4840	0,6957	217,5
2,4922	4,9822	0,5002	0,7073	210
2,3326	4,5565	0,5119	0,7155	195
2,1384	4,2086	0,5081	0,7128	180
1,9241	3,8932	0,4942	0,7030	165
1,7006	3,5912	0,4735	0,6882	150
1,3648	3,1405	0,4345	0,6592	127,5
1,0392	2,6851	0,3870	0,6221	105
0,7343	2,2201	0,3307	0,5751	82,5
0,4614	1,7394	0,2652	0,5150	60
0,2328	1,2350	0,1885	0,4341	37,5
0,1395	0,9706	0,1437	0,3791	26,25
0,0629	0,6955	0,0904	0,3007	15
0,0230	0,4826	0,0476	0,2183	7,5
—	—	—	—	0

Tafel 33.

Eiprofil 1,60/2,40. M. 1:25.

$Q_1 = 132{,}221$ cbm/sek. $V_2 = 44{,}96$ m/sek.

$V_1 = 1:500$.
$Q_1 = 1\,\text{mm} = 2{,}000$ cbm/sek. $(1:2000)$

$r = 0{,}80\,m$
$R = 2{,}40\,m$

F qm.	U m.	$R=\dfrac{F}{U}$	$\sqrt{R}$	h cm
2,9402	6,3439	0,4635	0,6808	240
2,9026	5,6218	0,5163	0,7186	232
2,8356	5,3144	0,5336	0,7305	224
2,6540	4,8602	0,5461	0,7390	208
2,4330	4,4892	0,5420	0,7362	192
2,1892	4,1527	0,5272	0,7261	176
1,9349	3,8306	0,5051	0,7107	160
1,5529	3,3499	0,4635	0,6808	136
1,1824	2,8641	0,4128	0,6425	112
0,8355	2,3681	0,3528	0,5940	88
0,5249	1,8553	0,2829	0,5319	64
0,2648	1,3174	0,2010	0,4484	40
0,1587	1,0353	0,1533	0,3915	28
0,0716	0,7418	0,0965	0,3106	16
0,0262	0,5148	0,0508	0,2254	8
—	—	—	—	0

Wild-Schöberlein, Tabellenbuch.

Tafel 34.

Eiprofil 1,80/2,40 m. M. 1:25.

$Q_1 = 155,121$ cbm/sek. $V_1 = 47,26$ m/sek.

$V_1 = 1:600.$
$Q_1 = 1$ mm = 2,500 cbm/sek. (1:25)

$r = 0,90$ m
$R = 1,86$ m

F qm	U m	$R=\dfrac{F}{U}$	$\sqrt{R}$	h cm
3,2823	6,5740	0,4993	0,7066	240
3,2347	5,7617	0,5614	0,7493	231
3,1499	5,4160	0,5816	0,7626	222
2,9200	4,9052	0,5953	0,7716	204
2,6404	4,4879	0,5883	0,7670	186
2,3318	4,1094	0,5674	0,7533	168
2,0100	3,7472	0,5364	0,7324	150
1,6516	3,3466	0,4935	0,7025	130
1,3017	2,9411	0,4426	0,6653	110
0,9696	2,5257	0,3839	0,6196	90
0,6648	2,0937	0,3175	0,5635	70
0,3983	1,6362	0,2434	0,4934	50
0,1732	1,1393	0,1520	0,3899	30
0,0999	0,8690	0,1149	0,3390	20
0,0355	0,5739	0,0618	0,2486	9,9
—	—	—	—	0

Tafel 35.

Eiprofil 2,00/2,60 m. M. 1:25.

$Q_1 = 198,286$ cbm/sek. $V_1 = 50,32$ m/sek.

$V_1 = 1:750.$

$Q_1 = 1$ mm = 3,000 cbm/sek. (1:30)

$r = 1,00$ m
$R = 1,90$ m
$53°7'48''$
$\angle 36°52'12''$

F qm	U m	$R = \dfrac{F}{U}$	$\sqrt{R}$	h cm
3,9405	7,1786	0,5489	0,7409	260
3,8818	6,2760	0,6185	0,7865	250
3,7770	5,8917	0,6411	0,8007	240
3,4932	5,3240	0,6561	0,8100	220
3,1479	4,8602	0,6477	0,8048	200
2,7670	4,4396	0,6232	0,7895	180
2,3700	4,0384	0,5869	0,7661	160
1,9714	3,6377	0,5419	0,7362	140
1,5813	3,2324	0,4892	0,6994	120
1,2085	2,8175	0,4289	0,6549	100
0,8624	2,3869	0,3613	0,6011	80
0,5536	1,9322	0,2865	0,5353	60
0,2926	1,4408	0,2031	0,4507	40
0,1012	0,8905	0,1136	0,3371	20
0,0262	0,5148	0,0508	0,2254	8
—	—	—	—	0

Tafel 36.

Eiprofil 2,00/3,00 m. M. 1:30.

$Q_r = 239,536$ cbm/sek. $V_r = 52,14$ m/sek.

$V_1 = 1:500$
$Q_1 = 1$ mm $= 2,500$ cbm/sek. (1:2500)

$r = 1,00$ m
$R = 3,00$ m

F qm	U m	$R = \frac{F}{U}$	$\sqrt{R}$	h cm
4,5941	7,9299	0,5793	0,7611	300
4,5354	7,0278	0,6453	0,8034	290
4,4306	6,6429	0,6670	0,8167	280
4,1468	6,0753	0,6826	0,8262	260
3,8014	5,6113	0,6775	0,8231	240
3,4206	5,1910	0,6590	0,8118	220
3,0233	4,7883	0,6314	0,7946	200
2,4264	4,1873	0,5795	0,7611	170
1,8475	3,5801	0,5160	0,7184	140
1,3054	2,9601	0,4440	0,6641	110
0,8202	2,3192	0,3537	0,5947	80
0,4138	1,6467	0,2513	0,5013	50
0,2479	1,2941	0,1916	0,4377	35
0,1118	0,9273	0,1206	0,3473	20
0,0409	0,6435	0,0635	0,2520	10
—	—	—	—	0

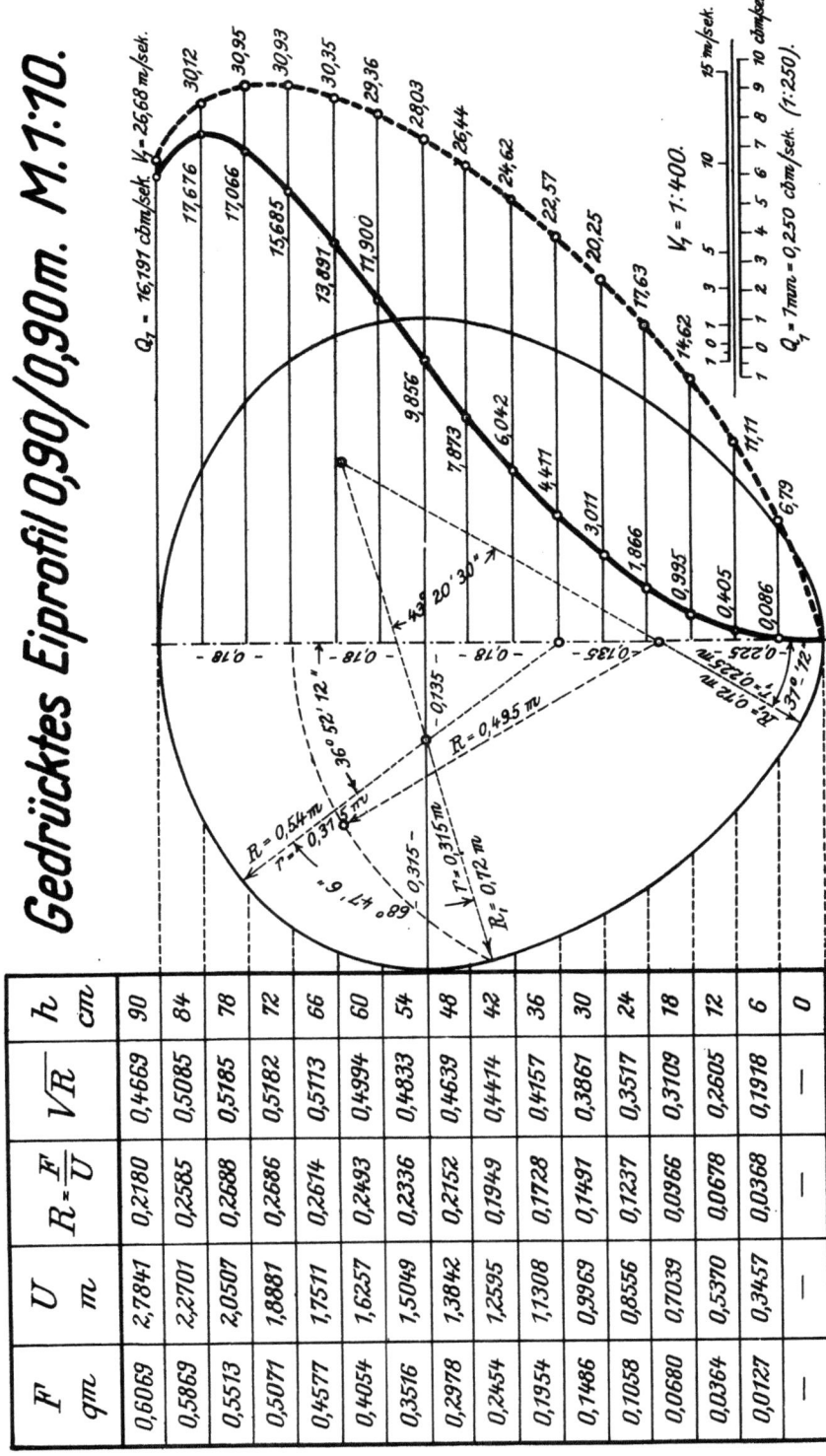

Tafel 37.

Tafel 38.

Gedrücktes Eiprofil 1,00/1,00 m. M. 1:10.

$Q_1 = 21{,}551$ cbm/sek $V_1 = 28{,}76$ m/sek.

$V_1 = 1:400$.

$Q_1 = 1\text{mm} = 0{,}400$ cbm/sek. (1:400).

F qm	U m	$R = \dfrac{F}{U}$	$\sqrt{R}$	h cm
0,7493	3,0935	0,2422	0,4922	100
0,7246	2,5224	0,2873	0,5360	93,3
0,6806	2,2785	0,2987	0,5466	86,7
0,6260	2,0979	0,2984	0,5463	80
0,5651	1,9457	0,2904	0,5389	73,3
0,5004	1,8063	0,2771	0,5264	66,7
0,4341	1,6721	0,2596	0,5095	60
0,3677	1,5380	0,2391	0,4889	53,3
0,3030	1,3995	0,2165	0,4653	46,7
0,2413	1,2565	0,1920	0,4382	40
0,1835	1,1077	0,1657	0,4070	33,3
0,1307	0,9507	0,1374	0,3707	26,7
0,0840	0,7822	0,1074	0,3277	20
0,0450	0,5967	0,0754	0,2745	13,3
0,0157	0,3841	0,0409	0,2022	6,7
—	—	—	—	0

Tafel 39.

Gedrücktes Eiprofil 1,10/110 m. M. 1:15.

$Q_1 = 27{,}892$ cbm/sek. $V_1 = 30{,}16$ m/sek.

$V_1 = 1:500.$

$Q_1 = 1\,mm = 0{,}500$ cbm/sek. (1:500).

F qm	U m	$R = \dfrac{F}{U}$	$\sqrt{R}$	h cm
0,9067	3,4028	0,2664	0,5162	110
0,8768	2,7746	0,3160	0,5621	102,7
0,8236	2,5064	0,3286	0,5732	95,3
0,7575	2,3077	0,3282	0,5729	88
0,6837	2,1403	0,3195	0,5652	80,7
0,6055	1,9869	0,3048	0,5521	73,3
0,5252	1,8394	0,2855	0,5344	66
0,4449	1,6918	0,2630	0,5128	58,7
0,3666	1,5394	0,2382	0,4880	51,3
0,2920	1,3821	0,2112	0,4596	44
0,2220	1,2184	0,1822	0,4269	36,7
0,1581	1,0457	0,1512	0,3888	29,3
0,1016	0,8604	0,1181	0,3437	22
0,0544	0,6563	0,0829	0,2879	14,7
0,0190	0,4225	0,0450	0,2121	7,3
—	—	—	—	0

Tafel 40.

Gedrücktes Eiprofil 1,20/1,20 m. M. 1:15.

F qm	U m	$R=\dfrac{F}{U}$	$\sqrt{R}$	h cm
1,0790	3,7121	0,2907	0,5391	120
1,0434	3,0269	0,3447	0,5871	112
0,9801	2,7342	0,3585	0,5987	104
0,9015	2,5175	0,3581	0,5984	96
0,8137	2,3349	0,3485	0,5903	88
0,7206	2,1676	0,3325	0,5766	80
0,6250	2,0066	0,3115	0,5581	72
0,5294	1,8456	0,2869	0,5356	64
0,4363	1,6794	0,2598	0,5097	56
0,3475	1,5078	0,2304	0,4800	48
0,2642	1,3292	0,1988	0,4459	40
0,1882	1,1408	0,1649	0,4061	32
0,1209	0,9386	0,1289	0,3590	24
0,0648	0,7160	0,0904	0,3008	16
0,0226	0,4609	0,0491	0,2215	8
—	—	—	—	0

Tafel 41.

Gedrücktes Eiprofil 1,30/1,30 m. M. 1:15.

$Q_1 = 43{,}763$ cbm/sek. $V_1 = 34{,}56$ m/sek.

$V_1 = 1:500$.
$Q_1 = 7 \text{mm} = 0{,}750$ cbm/sek. (1:750).

$R = 0{,}715$ m
$R = 0{,}78$ m
$T = 0{,}4557$ m
$T = 0{,}455$ m
$R_1 = 1{,}04$ m
$h = 1{,}04$ m
$r = 0{,}325$ m
$43°20'30''$
$36°52'12''$
$69°44'0,89''$
$37°7'72''$

F qm	U m	$R = \dfrac{F}{U}$	$\sqrt{R}$	h cm
1,2663	4,0215	0,3149	0,5612	130
1,2246	3,2791	0,3734	0,6111	121,3
1,1503	2,9621	0,3883	0,6232	112,7
1,0580	2,7273	0,3879	0,6228	104
0,9550	2,5294	0,3775	0,6145	95,3
0,8457	2,3482	0,3602	0,6001	86,7
0,7336	2,1738	0,3375	0,5809	78
0,6214	1,9994	0,3108	0,5575	69,3
0,5121	1,8193	0,2815	0,5305	60,7
0,4078	1,6334	0,2496	0,4996	52
0,3101	1,4400	0,2154	0,4641	43,3
0,2208	1,2358	0,1787	0,4227	34,7
0,1419	1,0168	0,1396	0,3736	26
0,0760	0,7757	0,0980	0,3130	17,3
0,0265	0,4993	0,0532	0,2306	8,7
—	—	—	—	0

Werte an der Kurve (oben, gestrichelt): 38,86; 39,90; 39,87; 39,15; 37,91; 36,25; 34,25; 31,96; 29,38; 26,46; 23,12; 19,29; 14,78; 9,16

Werte an der Kurve (durchgezogen): 47,582; 45,899; 42,186; 37,384; 32,059; 26,591; 21,280; 16,367; 11,961; 8,204; 5,106; 2,738; 1,123; 0,243

Wild-Schöberlein, Tabellenbuch.

Tafel 42.

Gedrücktes Eiprofil 1,40/1,40 m. M. 1:15.

$Q_1 = 53{,}418$ cbm/sek. $\quad V_1 = 36{,}37$ m/sek.

$V_1 = 1:500.$

$Q_1 = 7\,mm = 0{,}750$ cbm/sek. $(1:750).$

F qm	U m	$R = \dfrac{F}{U}$	$\sqrt{R}$	h cm
1,4686	4,3308	0,3391	0,5823	140
1,4202	3,5313	0,4022	0,6342	130,7
1,3340	3,1899	0,4182	0,6467	121,3
1,2270	2,9371	0,4178	0,6463	112
1,1076	2,7240	0,4066	0,6376	102,7
0,9809	2,5288	0,3879	0,6228	93,3
0,8507	2,3410	0,3634	0,6028	84
0,7206	2,1532	0,3347	0,5785	74,7
0,5939	1,9593	0,3031	0,5506	65,3
0,4729	1,7591	0,2688	0,5185	56
0,3597	1,5507	0,2319	0,4816	46,7
0,2561	1,3309	0,1924	0,4387	37,3
0,1646	1,0950	0,1503	0,3877	28
0,0881	0,8354	0,1055	0,3248	18,7
0,0308	0,5377	0,0572	0,2393	9,3
—	—	—	—	0

Gedrücktes Eiprofil 1,50/1,50 m. M. 1:15.

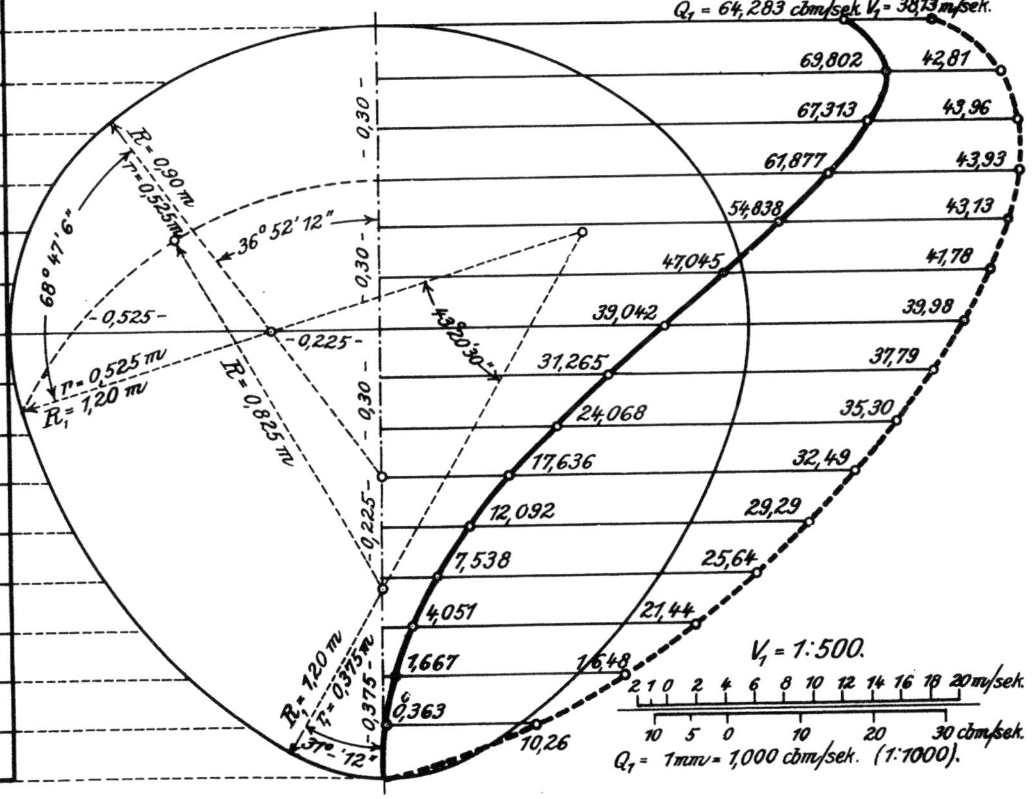

Tafel 43.

$Q_1 = 64,283$ cbm/sek. $V_1 = 38,13$ m/sek.

$V_1 = 1:500$.

$Q_1 = 1$ mm = 1000 cbm/sek. (1:1000).

$R = 0,825$ m
$R = 0,90$ m
$r = 0,525$ m
$r = 0,525$ m
$R_1 = 1,20$ m
$r = 0,375$ m
$R_2 = 1,20$ m

$36°52'12''$
$43°20'30''$
$68°47'6''$
$37°12'$

F qm	U m	$R = \frac{F}{U}$	$\sqrt{R}$	h cm
1,6859	4,6402	0,3633	0,6028	150
1,6303	3,7836	0,4309	0,6564	140
1,5314	3,4178	0,4481	0,6694	130
1,4085	3,1469	0,4477	0,6691	120
1,2714	2,9186	0,4356	0,6600	110
1,1260	2,7094	0,4156	0,6447	100
0,9766	2,5082	0,3894	0,6240	90
0,8273	2,3070	0,3586	0,5988	80
0,6817	2,0992	0,3248	0,5699	70
0,5429	1,8847	0,2880	0,5367	60
0,4129	1,6615	0,2485	0,4985	50
0,2940	1,4260	0,2062	0,4541	40
0,1890	1,1732	0,1611	0,4013	30
0,1012	0,8950	0,1131	0,3362	20
0,0353	0,5761	0,0613	0,2477	10
—	—	—	—	0

Tafel 43.

Tafel 44.

Tafel 45.

Gedrücktes Eiprofil 1,80/1,80 m. M.1:20.

$Q_1 = 104{,}771\ cbm/sek.$ $V_1 = 3{,}16\ m/sek.$
$V_1 = 1:750.$
$Q_1 = 1\ mm = 2{,}000\ cbm/sek.$ (1:20)

$R = 1{,}08\ m$, $r = 0{,}63\ m$
$R = 0{,}99\ m$
$R_1 = 1{,}44\ m$, $r = 0{,}45\ m$
$43°\,20'\,30''$
$36°\,52'\,12''$
$37°\,12''$

F qm	U m	$R = \dfrac{F}{U}$	$\sqrt{R}$	h cm
2,4277	5,5682	0,4360	0,6603	180
2,3477	4,5403	0,5171	0,7191	168
2,2052	4,1013	0,5377	0,7333	156
2,0283	3,7763	0,5371	0,7329	144
1,8309	3,5023	0,5228	0,7230	132
1,6214	3,2513	0,4987	0,7062	120
1,4063	3,0099	0,4672	0,6836	108
1,1913	2,7684	0,4303	0,6560	96
0,9817	2,5191	0,3897	0,6243	84
0,7818	2,2617	0,3457	0,5879	72
0,5946	1,9938	0,2982	0,5461	60
0,4233	1,7112	0,2474	0,4974	48
0,2721	1,4079	0,1933	0,4397	36
0,1457	1,0740	0,1357	0,3683	24
0,0509	0,6914	0,0736	0,2713	12
—	—	—	—	0

Tafel 46.

Gedrücktes Eiprofil 2,00/2,00 m. M. 1:20.

$Q_1 = 138,809$ cbm/sek. $V_1 = 46,31$ m/sek.

$v_1 = 1:750.$

$Q_1 = 1 mm = 2,500$ cbm/sek. (1:25).

F qm	U m	$R = \dfrac{F}{U}$	$\sqrt{R}$	h cm
2,9972	6,1869	0,4844	0,6960	200
2,8984	5,0448	0,5745	0,7580	186,7
2,7225	4,5570	0,5974	0,7729	173,3
2,5040	4,1958	0,5968	0,7725	160
2,2603	3,8914	0,5808	0,7621	146,7
2,0018	3,6126	0,5541	0,7444	133,3
1,7362	3,3443	0,5192	0,7205	120
1,4707	3,0760	0,4781	0,6915	106,7
1,2120	2,7990	0,4330	0,6580	93,3
0,9652	2,5130	0,3841	0,6197	80
0,7340	2,2153	0,3313	0,5756	66,7
0,5226	1,9013	0,2749	0,5243	53,3
0,3360	1,5643	0,2148	0,4634	40
0,1799	1,1934	0,1507	0,3883	26,7
0,0628	0,7682	0,0818	0,2860	13,3
—	—	—	—	0

Tafel 47.

Maulprofil 1,44/1,20 m.   M. 1:15.

$Q_1 = 49{,}085$ cbm/sek. $V_1 = 35{,}49$ m/sek.

$V_1 = 1:500$.
$Q_1 = 1$ mm $= 1{,}000$ cbm/sek. (1:10)

F qm	U m	$R = \dfrac{F}{U}$	$\sqrt{R}$	h cm
1,3829	4,2254	0,3273	0,5721	120
1,3525	3,5755	0,3783	0,6150	112,8
1,2982	3,2988	0,3935	0,6273	105,6
1,1510	2,8901	0,3983	0,6311	91,2
0,9720	2,5562	0,3803	0,6167	76,8
0,7745	2,2533	0,3437	0,5863	62,4
0,5686	1,9634	0,2896	0,5381	48
0,3428	1,6446	0,2084	0,4566	32,2
0,1990	1,4102	0,1411	0,3757	21,7
0,1062	1,1758	0,0903	0,3005	14,1
0,0385	0,8356	0,0461	0,2147	7,2
0,0133	0,5893	0,0226	0,1504	3,6
—	—	—	—	0

Tafel 48.

Maulprofil 1,68/1,40 m. M. 1:15.

F qm	U m	$R=\frac{F}{U}$	$\sqrt{R}$	h cm
1,8823	4,9296	0,3818	0,6179	140
1,8409	4,1714	0,4413	0,6643	131,6
1,7669	3,8486	0,4591	0,6776	123,2
1,5667	3,3718	0,4646	0,6817	106,4
1,3230	2,9822	0,4436	0,6661	89,6
1,0542	2,6289	0,4010	0,6333	72,8
0,7739	2,2907	0,3379	0,5813	56
0,4666	1,9187	0,2432	0,4931	37,6
0,2709	1,6453	0,1646	0,4058	25,3
0,1445	1,3718	0,1053	0,3246	16,5
0,0524	0,9749	0,0538	0,2319	8,4
0,0181	0,6875	0,0264	0,1624	4,2
—	—	—	—	0

Tafel 49.

Maulprofil 1,80/1,50 m. M. 1:15.

F qm	U m	$R=\frac{F}{U}$	$\sqrt{R}$	h cm
2,1608	5,2817	0,4091	0,6396	150
2,1132	4,4694	0,4728	0,6876	141
2,0284	4,1235	0,4919	0,7014	132
1,7985	3,6126	0,4978	0,7056	114
1,5188	3,1952	0,4753	0,6895	96
1,2102	2,8166	0,4297	0,6555	78
0,8885	2,4543	0,3620	0,6016	60
0,5356	2,0558	0,2605	0,5104	40,2
0,3110	1,7628	0,1764	0,4200	27,1
0,1659	1,4638	0,1129	0,3360	17,6
0,0602	1,0445	0,0576	0,2401	9
0,0208	0,7367	0,0283	0,1681	4,5
–	–	–	–	0

Tafel 50.

Maulprofil 2,04/1,70 m. M. 1:20.

$Q_2 = 124{,}825\ cbm/sek.\quad V_2 = 44{,}97\ m/sek.$
$V_1 = 1{:}1750$
$Q_1 = 1\,mm = 2{,}500\ cbm/sek.\ (1{:}25)$

F qm	U m	$R = \dfrac{F}{U}$	$\sqrt{R}$	h cm
2,7754	5,9860	0,4637	0,6809	170
2,7143	5,0653	0,5359	0,7320	159,8
2,6053	4,6733	0,5575	0,7467	149,6
2,3101	4,0943	0,5642	0,7511	129,2
1,9508	3,6212	0,5387	0,7340	108,8
1,5545	3,1922	0,4870	0,6978	88,4
1,1412	2,7816	0,4103	0,6405	68
0,6880	2,3299	0,2953	0,5434	45,6
0,3994	1,9978	0,1999	0,4471	30,7
0,2131	1,6658	0,1279	0,3577	20
0,0773	1,1838	0,0653	0,2556	10,2
0,0267	0,8349	0,0320	0,1790	5,1
—	—	—	—	0

Tafel 51.

Maulprofil 2,40/2,00 m. M. 1:25.

$\dfrac{F}{qm}$	$\dfrac{U}{m}$	$R=\dfrac{F}{U}$	$\sqrt{R}$	$\dfrac{h}{cm}$
3,8414	7,0423	0,5455	0,7386	200
3,7568	5,9592	0,6304	0,7940	188
3,6060	5,4981	0,6559	0,8099	176
3,1973	4,8168	0,6638	0,8147	152
2,7001	4,2603	0,6338	0,7961	128
2,1515	3,7555	0,5729	0,7569	104
1,5795	3,2724	0,4827	0,6947	80
0,9522	2,7411	0,3474	0,5894	53,7
0,5528	2,3504	0,2352	0,4850	36,1
0,2949	1,9597	0,1505	0,3879	23,5
0,1070	1,3927	0,0769	0,2772	12
0,0370	0,9822	0,0377	0,1941	6
—	—	—	—	0

Tafel 52.

Maulprofil 2,64/2,20 m.   M. 1:25.

$Q_1 = 247{,}998$ cbm/sek. $V_1 = 53{,}35$ m/sek.

$V\ 1:750.$
$Q_1\ 1\,\text{mm} = 4{,}000$ cbm/sek. $(1:40)$

F qm	U m	$R=\dfrac{F}{U}$	$\sqrt{R}$	h cm
4,6481	7,7466	0,6000	0,7746	220
4,5458	6,5551	0,6935	0,8328	206,8
4,3633	6,0479	0,7215	0,8494	193,6
3,8688	5,2985	0,7302	0,8545	167,2
3,2671	4,6863	0,6972	0,8350	140,8
2,6033	4,1311	0,6302	0,7938	114,4
1,9112	3,5997	0,5309	0,7287	88
1,1522	3,0152	0,3821	0,6182	59
0,6689	2,5854	0,2587	0,5087	39,7
0,3568	2,1557	0,1655	0,4069	25,9
0,1295	1,5320	0,0845	0,2908	13,2
0,0448	1,0804	0,0414	0,2036	6,6
—	—	—	—	0

MIX
Papier aus verantwortungsvollen Quellen
Paper from responsible sources
FSC® C105338

If you have any concerns about our products,
you can contact us on
ProductSafety@springernature.com

In case Publisher is established outside the EU,
the EU authorized representative is:
**Springer Nature Customer Service Center GmbH
Europaplatz 3, 69115 Heidelberg, Germany**

Printed by Libri Plureos GmbH
in Hamburg, Germany